长江经济带生态保护与绿色发展研究丛书

熊文 总主编

江西篇

描绘改革发展新画卷

主编 黎明

副主编 廖良美 吴比

长江出版社
CHANGJIANG PRESS

图书在版编目（CIP）数据

长江经济带生态保护与绿色发展研究丛书. 江西篇 : 描绘改革发展新画卷 /
熊文总主编； 黎明主编； 廖良美、吴比副主编.
—武汉 ： 长江出版社，2022.10
ISBN 978-7-5492-5147-6

Ⅰ．①长… Ⅱ．①熊… ②黎… ③廖… ④吴… Ⅲ．①长江经济带－生态环境保护－研究
②长江经济带－绿色经济－经济发展－研究③生态环境建设－研究－江西
④绿色经济－区域经济发展－研究－江西 Ⅳ．① X321.2

中国版本图书馆 CIP 数据核字 (2022) 第 200187 号

长江经济带生态保护与绿色发展研究丛书. 江西篇 ： 描绘改革发展新画卷
CHANGJIANGJINGJIDAISHENGTAIBAOHUYULÜSEFAZHANYANJIUCONGSHU
JIANGXIPIAN ： MIAOHUIGAIGEFAZHANXINHUAJUAN
总主编 熊文　本书主编 黎明　副主编 廖良美 吴比

责任编辑： 梁琰
装帧设计： 刘斯佳
出版发行： 长江出版社
地　　址： 武汉市江岸区解放大道 1863 号
邮　　编： 430010
网　　址： http://www.cjpress.com.cn
电　　话： 027-82926557（总编室）
　　　　　 027-82926806（市场营销部）
经　　销： 各地新华书店
印　　刷： 武汉市首壹印务有限公司
规　　格： 787mm×1092mm
开　　本： 16
印　　张： 12
彩　　页： 8
字　　数： 188 千字
版　　次： 2022 年 10 月第 1 版
印　　次： 2022 年 10 月第 1 次
书　　号： ISBN 978-7-5492-5147-6
定　　价： 68.00 元

前　言

在中国版图上，有这样一片区域，形似巨龙，日夜奔腾，浩浩荡荡，这就是中国第一大河，也是世界第三长河——长江。

长江全长6300余km，滋养了古老的中华文明；流域面积达180万km^2，哺育着超1/3的中国人口；两岸风光旖旎，江山如画；历史遗迹绵延千年，熠熠生辉。长江是中华民族的自豪，更是中华民族生生不息的象征。

不仅如此，长江以水为纽带，承东启西、接南济北、通江达海，一条黄金水道，串联起沿江11个省（直辖市），支撑起全国超40%的经济总量，是中国经济社会发展的大动脉。

一直以来，习近平总书记深深牵挂着长江，竭力谋划着让长江永葆生机活力的发展之道。

2016年1月5日，重庆，在推动长江经济带发展座谈会上，习近平总书记发出长江大保护的最强音："当前和今后相当长一个时期，要把修复长江生态环境摆在压倒性位置，共抓大保护、不搞大开发。"从巴山蜀水到江南水乡，生态优先、绿色发展的理念生根发芽。

2018年4月26日，武汉，在深入推动长江经济带发展座谈会上，习近平总书记强调正确把握"五大关系"，以"钉钉子"精神做好生态修复、环境保护、绿色发展"三篇文章"，推动长江经济带科学发展、有序发展、高质量发展，引领全国高质量发展，擘画出新时代中国发展新坐标。

2020年11月14日，南京，在全面推动长江经济带发展座谈会上，习近平总书记指出，要坚定不移地贯彻新发展理念，推动长江经济带高质量发展，谱写生态优先绿色发展新篇章，打造区域协调发展新样板，构筑高水平对外开放新高地，塑造创新驱动发展新优势，绘就山水人城和谐相融新画卷，使长江经济带成为我国生态优先绿色发展主战场、畅通国内国际双循环主动脉、引领经济高质量发展主力军。

伴随着党中央的强力号召，长江经济带的发展从"推动""深入推动"走向"全面推动"，沿长江11省（直辖市）密集出台了一系列推动经济发展的新政策、新举措。短短几年，一个引领中国经济高质量发展的生力军正在崛起。

可是，与长江经济带蓬勃发展形成鲜明反差的是，全面系统研究长江经济带生态保护与绿色发展的专著却鲜见。为推动长江经济带绿色崛起，我们萌生了编纂"长江经济带生态保护与绿色发展研究"系列丛书的想法。通过该系列丛书的梳理，我们希望完成三个"任务"：

第一，系统梳理、深度展现在长江经济带发展大战略中，沿江11省（直辖市）在新时代绿色崛起中发挥的作用和取得的成绩，总结各省（直辖市）经济发展中的经验和启示，充分发挥领先城市经济发展的示范引领作用，为整个经济带的全面发展提供借鉴。

第二，认真总结、深刻剖析在长江经济带发展过程中，沿江11省（直辖市）经济发展存在的问题，系统梳理长江经济带绿色绩效评价体系，期待为破解长江经济带经济发展的资源环境约束难题、探寻长江经济带绿色经济绩效的提升路径、增强长江经济带发展统筹度和整体性、协调性、可持续性提供全新视角。

第三，有针对性地提出长江经济带未来发展的政策建议和战略对策，助力长江经济带形成生态更优美、交通更顺畅、经济更协调、市场更统一、机制更科学的黄金经济带，为中国经济统筹发展提供新的支撑。

这是我们第一次系统梳理长江经济带的发展，也是我们第一次完整地总结长江沿江11省（直辖市）的发展脉络。

我们欣喜地看到，伴随着三次推动长江经济带发展座谈会的召开，长江沿线11省（直辖市）均有针对性地出台了各省（直辖市）长江经济带发展的具体措施和规划。上海提出，要举全市之力坚定不移推进崇明世界级生态岛建设，努力把崇明岛打造成长三角城市群和长江经济带生态环境大保护的重要标志。湖北强调，要正确把握"五大关系"，用好长江经济带发展"辩证法"，做好生态修复、环境保护、绿色发展"三篇大文章"。地处长江上游的重庆表示，要强化"上游意识"，担起"上游责任"，体现"上游水平"，将重庆打造成内陆开放高地和山清水秀美丽之地。诸如此类，沿江各省都努力争当推动长江经济带高质量发展的排头兵。

我们也欣喜地看到，《长江上游地区省际协商合作机制实施细则》《长三角地区一体化发展三年行动计划（2018—2020年）》等覆盖全域的长江经济带省际协商合作机制逐步建立，共抓大保护的合力正在形成。

我们更欣喜地看到，在以城市群为依托的区域发展战略指引下，在长江三角洲城市群、长江中游城市群、成渝城市群、黔中城市群、滇中城市群等区域城市群的强力带动辐射影响之下，一批城市正迅速崛起。在党中央和沿江各省（直辖市）共同努力下，长江经济带正释放出前所未有的巨大经济活力。虽成效显著，但挑战犹存。在该系列丛书的梳理中，我们也发现了长江经济带发展过程中存在的问题：生态环境保护的形势依然严峻、生态环境压力正持续加大、绿色产业转型压力依旧巨大。为此，我们寻找了德国莱茵河治理、澳大利亚猎人河排污权交易、美国饮用水水源保护区生态补偿、美国"双岸"经济带的产业合作等多个国外绿色发展案例，希望为国内长江经济带城市绿色发展提供借鉴。

编　者

长江黄金水道

前　言

　　本书为《长江经济带生态保护与绿色发展研究丛书》之江西篇分册，由湖北工业大学黎明副教授担任主编，湖北工业大学廖良美、长江水资源保护科学研究所吴比担任副主编。本册共分七章，第一章梳理了江西省绿色发展主要任务、新机遇、发展战略定位、绿色发展实践与绿色发展政策体系，明确了江西省在长江经济带绿色发展中的战略定位。第二章全面分析了江西省经济社会发展概况、生态环境保护现状及绿色发展状况，展示了江西省在绿色发展中取得的成果。第三章从主体功能区划空间管控、生态红线限制条件、"三线一单"管控要求等三个方面剖析了江西省绿色发展存在的生态环境约束。第四章系统分析了江西省在绿色发展中的战略举措，从绿色产业主导、宜居环境构建、资源持续发展和绿色金融创新等四个方面展现了浙江作为。第五章针对江西省典型区域绿色规划、工业园区规划及重点流域生态规划进行了分析研究。第六章对江西省绿色发展绩效关键指标进行了解读，对江西省典型区域绿色发展绩效进行了评价。第七章为江西省绿色发展提出了政策建议和实施途径。

　　本书在撰写过程中，湖北工业大学长江经济带大保护研究中心、经济与管理学院、流域生态文明研究中心等单位领导精心组织编撰，同时长江经济带高质量发展智库联盟、湖北省长江水生态保护研究院、水环境污染监测先进技术与装备国家工程研究中心、河湖生态修复及藻类利用湖北省重点实验室、长江水资源保护科学研究所、江苏河海环境科学研究院有限公司、无锡德林海环保科技股份有限公司等单位相关专家大力指导与帮助，长江出版社高水平编辑团队为本书出版付出了辛勤劳动，在此一并致谢。

由于水平有限和时间仓促，书中缺点、错误在所难免，敬请专家和读者批评指正。

编　者

目 录

第一章　江西省在长江经济带绿色发展中的战略定位

第一节　江西省在长江经济带中的重要地位

长江经济带覆盖上海、江苏、浙江、安徽、江西、湖北、湖南、重庆、四川、云南、贵州 11 省市，面积约 205 万平方千米，占全国的 21%，人口和经济总量均超过全国的 40%，生态地位重要，综合实力较强，发展潜力巨大。目前，长江经济带发展面临诸多亟待解决的困难和问题，主要是生态环境状况形势严峻、长江水道存在瓶颈制约、区域发展不平衡问题突出、产业转型升级任务艰巨、区域合作机制尚不健全等。困难和问题的解决除了需要高层的高瞻远瞩和精准施策外，还需要沿线各省通力合作，因地制宜贯彻和落实战略措施，实现战略目标。江西省作为长江经济带重要的组成部分，在长江经济带发展中占有重要的历史和现实地位。江西位于中国东南部，长江中下游南岸，地处华东地区，界于东经 113° 34′ 36″ ～ 118° 28′ 58″，北纬 24° 29′ 14″ ～ 30° 04′ 41″ 之间，东邻浙江、福建，南连广东，西靠湖南，北毗湖北、安徽而共接长江。

江西为长江三角洲经济区、珠江三角洲经济区和海峡西岸经济区的中心腹地，其资源丰富，生态优良，有中国第一大淡水湖——鄱阳湖，也是亚洲超大型的铜工业基地之一，有"世界钨都""稀土王国""中国铜都""有色金属之乡"的美誉。

一、江西省在长江经济带中的重要历史地位

江西的地理特点是"山、江、湖"：三面山、五条江、一个鄱阳湖，地理单元相对独立，相对完整，占江西面积的 95% 以上。天上的水下来，三

面环山，像漏斗一样注入鄱阳湖，流入长江。江西水系发达，赣江和鄱阳湖流域在历史上对发展经济都曾发挥过重要作用。赣江经鄱阳湖汇入长江，两江有着天然的关联。

有人将江西辉煌的经济社会发展历史归纳为"三把尺子"：

第一，万年尺。江西有一个县叫万年县。万年县是人类栽培水稻的发源地，历史12000年。江西不仅拥有稻作文化，还是中国粮食的主产区，水稻年产量400亿斤～450亿斤，约占全国水稻年产量的十分之一。江西有着得天独厚的农业生产条件，尤其利于水稻生长，成为历史悠久的稻作之乡。江西是中国稻作农业的重要起源地之一，现已发现的距今1.2万年前的栽培水稻植硅石，成为世界上年代最早的水稻栽培稻遗存，表明江西地区很早就实现了水稻从野生到种植的转变，对解决当时人们的吃饭问题进行了成功探索。到东汉时期，江西已逐渐发展成为江南的重要产粮地区，清代时九江已成为中国著名的米市。元代广丰县尹王祯著有《王祯农书》37卷，为我国古代"五大农书"之一，并收入《永乐大典》和《四库全书》。

第二，千年尺。江西水路在中国历史上的交通地位，造就了江西的千年辉煌。

——千年瓷都。"昌南瓷名天下"，陶瓷是江西闻名于世界的一张亮丽名片。江西是我国陶器文化最早发源地之一：万年仙人洞出土了中国最早的陶片；吴城遗址中发现中国目前年代最早的原始瓷器和已初备瓷器烧造条件的六座龙窑；鹰潭角山窑址是至今我国最大的商代窑炉；丰城洪州窑是全国研究青瓷起源和发展的主要窑场之一；吉州窑是宋代著名的兼收南北名窑制瓷技艺的综合性大瓷窑，其生产的黑釉瓷和彩绘瓷独具风格，尤其彩绘技术对景德镇元青花瓷的产生和发展起了承前启后的作用；景德镇更是举世闻名的"千年瓷都"。

——千年茶业。万里茶路走水口：河口—湖口—汉口—张家口—西口。白居易的诗"商人重利轻别离，前月浮梁买茶去"即是描写当时茶商的贸易情景。江西是历史上著名的产茶区，在中国茶叶和茶业文化史上，曾扮演过极其辉煌的角色。早在汉代庐山的僧人就开始种茶，唐代怀海禅师创立禅门茶事仪规，茶圣陆羽将庐山康王谷谷帘泉定为天下第一泉，上饶广教寺陆羽泉（现上饶第一中学内）为天下第四泉。宁王朱权著《茶谱》将饮茶"崇新改易"，直接用沸水冲泡散茶的形式才得以普及。当代茶文化专家陈文华先生创建中国茶文化重点学科而独领风骚。茶兴于唐、盛于宋、简于明，江西茶叶的产销在唐代即进入昌盛时期，浮梁是当时东南亚地区最大的茶贸易集散中心，且上交的茶税最多时占到全国的三分之一。

——千年铜都。江西的冶铜业源远流长，商周时期就创造出灿烂的青铜文化。瑞昌铜岭铜矿遗址，是目前我国发现的开采历史最早的矿冶遗址。新干县大洋洲乡商代大墓出土的青铜器，不仅为江南之冠，也为全国所罕见。宋代是江西冶铜业的重要发展时期，铅山场是全国三大铜场之一，胆水浸铜技术成功地运用于德兴和铅山铜矿开采实践，德兴张潜的《浸铜要略》专著问世，更是对世界冶金史的杰出贡献。现在，亚洲最大和第二大的铜矿，分别在江西的德兴和铅山。

——千年宗教。江西宗教繁盛，是佛、道两教的开源之地，形成庞大的宗教派别。佛教净土宗始于晋代庐山东林寺高僧慧远，禅宗五家七宗之中，三家五宗源于江西。有"不到江西，不能得禅宗之要"一说。唐代马祖道一和百丈怀海推进了佛教中国化进程，解决了佛教发展史上的硬件和软件问题。道教则有汉代张道陵在鹰潭龙虎山开创天师道，葛玄在樟树阁皂山创道教灵宝派。灵宝派阁皂山、天师派龙虎山、上清派茅山并称为江南道教三大名山。

——千年纸业和书铺。翦伯赞先生在《中国史纲要》中提到，明清之后，长江以南形成五大手工业中心：一是上海的松江，二是苏杭，三是安徽的芜湖，另外两个就是江西的景德镇和铅山，铅山造纸叫连四纸。

江西山林资源丰富，又是传统的文化大省，纸的需求量大，故造纸业在全国处于领先地位。隋唐时，吉安县就有手工造纸作坊，以纸质优著称。明朝中后期，铅山成了江西乃至全国最重要的纸张生产基地，其取料毛竹生产的连四纸要经72道工艺，长达一年的生产期，纸质洁白莹辉，永不变色，明清的贵重书籍、碑帖多用之。华林造纸作坊遗址是我国发现最早的造纸作坊遗迹。宋代以来，吉州、抚州、饶州的刻版印书业非常繁盛，至明清时期，金溪和婺源等地成为著名的刻书中心。尤其是金溪浒湾镇是当时是我国最大的刻版印刷基地之一，汤显祖的作品也多由此刊刻，由此被古人称为"临川才子金溪书"。

——千年书院。全国从开科举到结束科举 1300 余年里，共开科 733 次，出了 552 名状元，而江西状元 48 人，占 8.7%。全国进士 10 万余名，江西 1.05 万名，占全国的 10.67%。全国 3000 多个县，平均每县 30 个，而婺源就有 552 个进士。"江右书院甲天下"，在 1000 余年的古代书院历史中，江西一直是全国书院发展的中心地区，并且数度"独领风骚"，成为中国的一个文化重镇，拥有独特的历史地位。高安桂岩书院和德安东佳书院是我国创办最早的私家招徒授业书院；庐山的白鹿洞书院学规成为后世书院准绳；上饶的鹅湖书院首开学术自由辩论之风；吉安的白鹭洲书院绵延 800 年，至今琅琅读书声不断。20 世纪 80 年代，季啸风先生率领全国百余学者普查古代书院，发现全国有书院 7300 余所，其中江西 990 所，居全国各省之首。

——千年药都。"药不到樟树不齐，药不过樟树不灵"。江西药材商人多出清江县，药铺则集中在清江县樟树镇。樟树镇在全国药材生产和流通中占有重要地位，是海内外公认的"药都"，其药材生产可追溯到三国时期葛玄在阁皂山上的采药炼丹，药材交易至唐代初具规模。樟树药材制作有一套完整的加工炮制技术体系，以精于选料、严于制作而闻名。在长期从事药材贸易的过程中，樟树药商逐渐形成了自己的帮系——"药帮"，称"樟帮"，与京帮、川帮并列为全国三大药帮。

第三，百年尺。江西更是中国近代史、现代史聚光灯的照射地。1842 年，九江开放为通商口岸。北伐时期，江西是北伐军的主要进军路线和与孙传芳作战的主要战场。抗战时期，著名的万家岭大捷、南昌会战、上高会战都发生在江西。从红色文化来看，江西更是四大摇篮所在地，为中国革命做出了重要贡献。江西有着光荣的革命历史，从安源工人运动到秋收起义，从八一南昌起义到井冈山斗争，从开创瑞金中央革命根据地到红军长征，从赣南三年游击战争到上饶集中营茅家岭，一系列重大革命活动都发生在江西。红色的江西，犹如一个没有围墙的革命历史博物馆。赣鄱大地，革命旧址、故居及纪念建筑物数量多、分布广，其中，井冈山革命旧址群、瑞金革命旧址群为全国规模最大的两处革命旧址。江西人民前赴后继，为了新中国的诞生做出了永不磨灭的贡献和极其光荣、伟大的牺牲。苏维埃精神、井冈山精神、长征精神均发源于江西。

综上可知，江西不仅在长江流域而且在中华文明的历史长河中发挥了重要作用，做出了重要贡献，具有重要的历史地位。

二、新时期区域经济互动的重要纽带

江西省在新时期区域经济互动纽带中发挥重要的主体作用。2004年，诞生一个崭新的区域合作体系——泛珠三角经济区域合作体系，该区域包括福建、江西、湖南、广东、广西、海南、四川、贵州、云南9个省份和香港、澳门两个特别行政区，简称"9＋2"。"泛珠三角"，是新中国成立后规模最大、范围最广、在不同体制框架下的区域组合，是中国区域合作与发展中的一个新尝试，也是中国东、中、西部经济互联互动、协调发展的新突破。在经济全球化的大背景和发展市场经济的过程中，区域合作从来就是经济繁荣的助推器。改革开放以来，江西与"泛珠三角"区域的合作涉及经贸、交通、旅游、劳务等多个方面，既有省级政府间的双向互访和合作协议，也有接壤地区形成的经济协作带；既有市县间的结对协作，也有企业间各种形式的联合；既有江西与港澳和粤闽等地的互补，也有江西与湘桂琼和云贵川之间的互助；既有邻近省份之间紧密的人员和经贸往来，也有相隔较远省区生产要素的流动和配置。

江西省是大京九经济协作带组织成员。1996年9月1日开通的京九铁路，北起中国首都北京，跨越京、冀、赣、粤等9个省级行政区的103个市县，南至深圳，连接香港九龙，正线全长2398千米，处于京沪、京广两大铁路干线之间，是贯穿中国南北的第三大通道。京九铁路全线开通以后，山东菏泽市、广东惠州市、江西吉安市、河北衡水市、河南商丘市等共同倡议成立京九沿线协作组织，得到了10市地积极响应，先成立了大京九经济协作带筹备委员会，继于1997年4月26日在山东菏泽召开第一届市长专员联席会，通过协作带章程，正式成立了大京九经济协作带组织。大京九经济协作带现有17个成员市，涉及7个省，辖127个县（市、区），覆盖面积20万平方千米，总人口8000万。从南向北依次为：广东东莞市、惠州市、河源市、江西赣州市、吉安市、九江市，湖北黄冈市、麻城市，安徽阜阳市、亳州市，河南商丘市、濮阳市，山东菏泽市、聊城市，河北衡水市、任丘市、霸州市。江西境内京九铁路自北向南，与另一条东西走向的铁路干线——浙赣铁路在江西中心位置形成黄金"十"字架，并与长江经济带在九江中下游的分界处交会。这种独特的区位优势，使京九铁路成为赣鄱大地连接港澳、西部地区、东部沿海的大通道，成为江西经济发展的重要命脉。

江西省是中部崛起发展战略的实施者。江西与湖北、湖南、河南、山西和安徽构成中部6省。2016年12月7日，国务院常务会议审议通过了《促进中部地区崛起规划（2016—2025年）》。其战略定位在原来"三基地、一枢纽"的基础上，进一步发展成为"一中心、四区"的新定位，即全国重要先进制造业中心和全国新型城镇化重点区、现代农业发展核心区、生态文明建设示范区、全方位开放重要支撑区。2005年，江西省就响亮地提出了"实现江西在中部地区崛起"的奋斗目标，确立了"三个基地，一个后花园"的发展定位——把江西发展成为沿海发达地区的优质农产品生产供应基地、沿海产业梯度转移承接基地、劳务输出基地，把江西打造成沿海发达地区的旅游休闲后花园。

综上所述，江西的地理位置优越，是全国范围内唯一一个与三个三角洲（长江三角洲、珠江三角洲和闽南三角区）毗邻的一个省，具有非常明显的区位优势。江西又是泛珠三角经济区域合作的成员之一，是长江经济带和京九沿线经济带的交会集中区，使其地位在中部地区不同于其他省区而突显出来。江西在我国区域经济发展新构架中的区位优势明显，江西位于长江中下游南岸，处于沿江经济带的皖赣经济区，成为经济发展内移的重心。沿江经济带把江西与沿海和沿边、东部与中西部地区联结起来，使江西具有东联西拓的枢纽作用，有利于推进江西经济的发展，更有利于江西更好地发挥"沟通南北，承东启西"的区域互动纽带作用。

三、长江经济带绿色发展的重要实践者

江西省明确了以绿色发展促进高质量发展的思路，首先是产业布局调整，驱动产业升级，优先发展生物医药、电子信息、船舶制造、节能环保、新能源、锂电等新兴产业集群。其次是加强生态环境保护，推进九江长江、鄱阳湖及

源头地区生态保护，进一步构筑长江中下游生态安全屏障，让赣鄱之水惠泽下游，真正实现全流域生态与经济协调发展。

江西重视提升生态优势、重点推进生态文明建设。通过加快构建综合交通运输体系、大力发展现代新兴产业、合力推进长江中游城市群建设、积极创新协调发展体制机制，有望把江西打造成为长江经济带发展重要带动区、内陆沿江开放合作新高地和全国生态文明先行示范区。

四、"一带一路"的历史传承者和建设者

中国地势西高东低，绝大多数河流都由西往东流。历史上的中国，东西往来问题是一大问题，但南北往来问题则更为突出，因为经济上的交往、政治上的统一、文化上的交流、军事上的交锋、人口上的迁徙这五大问题都要解决一个基本问题：怎样过黄河，怎样渡长江。

中国的政治、文化的中心，历来在北方。但自东汉以后，政治中心东移，到南北朝后，江南发展了，水稻文化兴起，江南成了中央税赋的主要来源地。于是，隋炀帝修运河，京杭大运河开通后，朝廷开通赣江这条从江西到广东的水路，但此路"人苦峻极"，随后打通大庾岭、赣江十八滩，从此赣江成为沟通祖国南北交通的大动脉。

这样，南北大通道就是京城—运河—扬州—长江—江西湖口—鄱阳湖—赣江—大庾梅岭，翻过梅岭进入珠江流域，到达广州。从此，在一千余年的时间里，梅岭驿道成为连接南北交通的主要孔道，是沟通长江水系和珠江水系最主要的通道。赣江的年径流量比黄河都大，是一条黄金水道和"高速公路"，后人誉之为"古代的京广线"。正是因为这条南北大通道，江西的历史才有声有色地展开了。

（1）江西是丝绸之路卓著历史贡献者。江西是丝绸之路的重要商品输出地。江西出产的瓷器、茶叶举世闻名，远销海外，是丝绸之路的重要贸易商品。从古代陆上丝绸之路来看，地处丝绸之路要道的新疆伊犁地区在1976年出土了元代的青花碗和青花瓷片，土耳其伊斯坦布尔的托普卡帕宫收藏的元代青花瓷数量世界第一，而元代青花瓷的主产地正是景德镇，这充分证明了江西与古代陆上丝绸之路的历史渊源。从古代海上丝绸之路来看，近年来

从东亚到东南亚、南亚，再到西非、东非，有 70 余处的考古发现都出土了景德镇瓷器。特别是在南宋沉船"南海一号"上发现的大量景德镇青白瓷，有力地证明了景德镇是海上丝绸之路的重要商品基地，也证明了江西陶瓷在海上丝绸之路中的地位。茶叶在中国有着悠久而深厚的文化底蕴，作为古代对外贸易的另一大宗货物，在历朝历代中都占据着举足轻重的地位。江西自古就有茶叶种植和茶叶交易市场，明代刘基在《多能鄙事》中记载，红茶产自江西铅山和福建崇安，经铅山河口集散，由荷兰人输入欧洲。此外，来自江西的铁器、茧丝、夏布以及中药，都是丝绸之路上的重要贸易货物。江西作为古丝绸之路的重要商品输出地，为传播中华文明，促进古代东西方经济、文化交流做出了积极贡献。

江西是丝绸之路的商品集散地。江西是古代中原通往岭南和闽粤地区的交通要冲，中原到东南沿海地区多取道江西境内的水路和陆路南下。水路有两条，一条是由赣江水路上溯至大庾岭（即梅岭），过大庾岭进入广东南雄；另一条是循着信江东行至广丰转陆路至浙江江山，翻越仙霞岭，东下瓯江至温州，南下闽江至福州。随着大运河的开通，南下的大庾岭路被开辟成商路，赣南成为"五岭之要会""闽粤之咽喉"，江西也因此成为闽粤桂湘等省通达运河的要道和物资运输的重要集散地。元明清时期，运河—长江—赣江—北江—珠江成为国内最为重要的南北通道。这条贯通水上之路的"黄金水道"，长达 3000 余千米，在江西境内就有 1000 余千米。依靠水道，散布于全国各地的"江右商帮"驮着瓷器、茶叶等进入大海，踏上海上丝绸之路。历史上，景德镇、樟树镇、吴城镇、河口镇等水乡重镇也成为连接海上丝绸之路贸易内陆延伸的重要货物集散地，各地货物由此转运出洋。千百年来，赣江、信江、鄱阳湖等多条"黄金水道"，为中国与世界其他国家和地区的经济、文化交流做出了巨大贡献。

梅关古道是丝绸之路的重要延伸。海上丝绸之路自古以来都是海陆联通的立体网络，即海路与内河、内河与陆路联通的交通网络。江西大余县境内的梅关古道正是海上丝绸之路海陆联通的主要通道。唐代以后，大批物资通过这条路转运至江淮或长安。中原的物资经过鄱阳湖水运至南昌，经梅关古道后卸车装船到达广州，再经海上丝绸之路抵达东南亚。作为"黄金通道"、战略要塞，梅关古道是当时沟通长江流域和珠江流域最快捷的"高速公路"；作为商贸要道，梅关古道是海上丝绸之路到广州之后与中原的连接线，也是海上丝绸之路海路与内河、内河与陆路连接的通道。

从所承载的主要货物及其始运点而言，景德镇是海上丝绸之路的重要起点之一。景德镇虽离海较远，没有商船直接出海，但丝绸之路上的大宗货物——瓷器有很大一部分是从这里源源不断运出的。其进出口运输体系主要由昌江及其支流构成，其中昌江下游是瓷器外运的主要通道。同时，还通过鄱阳港由昌江进入长江水运系统，运往沿海港口，再通过海上丝绸之路转运出洋。可见，景德镇不仅是当时中国外销瓷器的主要生产基地，也是丝绸之路海陆联运的重要集市。

（2）江西是新时期"一带一路"重要建设者。江西作为全国唯一同时毗邻长江三角洲、珠江三角洲和闽东南三角区这三个经济最活跃经济区的省份，以及上海、广东、福建三个自贸区的战略腹地，是粤港澳产业产品"西进"和"北上"的必经通道。国家"一带一路"倡议赋予了江西省"内陆腹地战略支撑"和南昌市"重要节点城市"的战略定位和历史使命。面对独特的区位优势和难得的战略机遇，江西将在"一带一路"中发挥重要作用，并借助于这一发展机遇实现发展升级、小康提速、绿色崛起。具体来说，应从以下几个方面着力。

打造联通"一带一路"与长江经济带的纽带。一是依托现已建成的若干条海铁联运铁路和比较发达的高速公路网络，积极争取国家基础设施建设的重要项目落户江西，加快推动基础设施互联互通；推进水运口岸平台建设，加快环鄱阳湖港口建设，振兴赣鄱千年"黄金水道"，推动铁路、航空、港口、公路运输的无缝衔接，打造连接"一带一路"内陆大通道。二是依托南昌、九江两个国家一类口岸和海关特殊监管区，积极主动参与国家建设长江经济带和长江中游城市群战略，围绕昌九一体化发展规划，积极推进昌九新区建设，打造内陆开放型经济新平台。三是充分利用江西承东启西、连接南北的独特区位优势，通过对接上海、广东、福建三个自贸区，加强赣沪、赣粤、赣闽合作，努力建设成为长珠闽三大经济区联动发展、"一带一路"与长江经济带互动融合的重要纽带。

打造"一带一路"的内陆贸易支点。一是依托长江黄金水道及毗邻东南沿海的优势，加强南昌港和九江港的建设，统筹推进各类交通设施建设和"铁海""公铁""陆海"多式联运，实现向东、向南与海上丝绸之路连接，向西与丝绸之路经济带融合，构建内陆进出口货物集散中心和物流商贸中心。二是依托南昌昌北国际机场和临空经济区，加快航空运输网络、电子口岸互联互通工程等建设，通过空中走廊和数字通道，推进跨境电子商务网络平台和跨境电子商务产业交易链的建设，构建联通内外、安全通畅的对外开放通道。三是争取国家支持设立南昌综合保税区。近年来，重庆、成都、西安、郑州、武汉、太原、银川等地通过设立综合保税区，搭建外向型经济平台，大幅提高了区域的开放度，成为内陆开放型经济战略高地。江西地处中部地区、长江经济带的中心位置，在南昌设立综合保税区，可以构建对接沿海产业转移、连接西部产业的通道，深化沿江向内陆纵深开放，打造"一带一路"对内延伸的贸易新支点。

打造"一带一路"的产业支点。充分利用江西资源丰富、生态优良的优势，发挥绿色食品、工艺技术、文化创意、新能源新材料、生态健康旅游、劳务输出等优势，将优势产业作为向"一带一路"相关国家和地区开放的重要突破口，坚持"引进来"，更要"走出去"，推动江西优势产业抢占全球价值链的中高端，成为"一带一路"的产业支点。一是打造国际绿色有机食品集聚区。充分利用江西农业资源丰富、生态环境优良的优势，大力发展精致农业、有机农业，着力推进农业生产的集约化、规模化、品牌化，努力打造具有国际影响力的精致农业和绿色有机食品生产基地。二是打造国际节能环保产业集聚区，立足江西的产业基础和生态优势，加大低碳工程、低碳产品和低碳技术的推广应用，以 LED、锂电新能源产业、有色金属和稀土新材料等为重点，打造低碳经济和循环经济产业链，形成节能环保产业集群。三是打造国际陶瓷及陶瓷文化创意基地。充分发挥景德镇的陶瓷文化优势，发挥中国景德镇国际陶瓷博览会等现有开放合作平台的作用，着力打造集聚世界艺术陶瓷、日用陶瓷、工业陶瓷等创意、策划、品牌、工艺、学术交流的平台；借助中国—东盟自由贸易区的政策优势，搭建陶瓷产品产业合作暨交易平台，把景德镇陶瓷这个中华民族的文化艺术瑰宝与东盟十国的陶瓷文化艺术精品及陶瓷产品汇集于江西，从而促进中国与东盟国家之间的文化艺术交流及陶瓷产业的合作和发展。四是打造生态健康国际旅游目的地。大力挖掘特色旅游资源，充分发挥江西独特的人文、地缘、旅游、生态等资源优势，加强与"一带一路"沿线国家和地区的合作，打响"江西风景独好"品牌，建设特色鲜明的国际旅游目的地。

打造"一带一路"的人文支点。一是促进文化对外交流合作。推动建立江西与"一带一路"沿线国家和地区的政府机构、文化团体、行业商协会等之间常态化的沟通协调机制，充分挖掘江西陶瓷文化、稻作文化、茶文化、禅宗文化、道教文化、客家文化等丰富资源，架起对外传播中国文化、讲好"江西故事"的桥梁。二是打造高端国际交流平台。积极争取中国与"一带一路"沿线国家和地区在人文领域合作的各种活动来江西举办，重点把世界低碳大会、世界生命湖泊大会等打造成为国际高端交流平台，开展与沿线国家和地区在环境治理、清洁能源、节能减排和循环经济等领域的技术、文化交流与合作。三是积极争取国家支持景德镇、河口镇、梅关古道等列入中国世界文化遗产海上丝绸之路预备名单。将这些在丝绸之路上发挥过重要作用的网点与其他省份的遗产点联合起来申报世界文化遗产，不仅有利于保护丝绸之路的历史遗产，也有利于振兴当地经济，造福当地人民。四是密切人文交流交往。推进人才、智库、非政府组织、社会团体、媒体等友好交流，通过人文交流和人员往来增强政治互信、加强经贸合作，实现物畅其流、互利互惠、共同发展。

第二节　江西省在长江经济带发展战略中的重要地位

一、长江经济带发展战略赋予江西重要任务和使命

《长江经济带发展规划纲要》（以下简称《纲要》）是长江经济带发展战略实施的纲领性文件。2016年3月25日，中共中央政治局审议通过《纲要》，2016年9月正式印发，《纲要》从规划背景、总体要求、大力保护长江生态环境、加快构建综合立体交通走廊、创新驱动产业转型升级、积极推进新型

城镇化、努力构建全方位开放新格局、创新区域协调发展体制机制、保障措施等方面描绘了长江经济带发展的宏伟蓝图，是推动长江经济带发展重大国家战略的纲领性文件。《纲要》确立了长江经济带"一轴、两翼、三极、多点"的发展新格局。"一轴"是以长江黄金水道为依托，发挥上海、武汉、重庆的核心作用，"两翼"分别指沪瑞和沪蓉南北两大运输通道，"三极"指的是长江三角洲、长江中游和成渝三个城市群，"多点"是指发挥三大城市群以外地级城市的支撑作用。

江西作为长江经济带覆盖的 11 个省（市）之一，及时提出全境融入长江经济带发展战略，要紧紧抓住长江经济带建设这一重大机遇，努力把江西建设成为长江经济带的重要战略支撑、内陆沿江开放合作的新高地，坚持走生态优先的发展之路，着力打造美丽中国"江西样板"。

2016 年 3 月，国家发改委发布《长江经济带创新驱动产业转型升级方案》，该方案提出，依托南昌发展生物制药等产业，江西重点聚焦现代生物产业，在江西发展航空航天专用装备，推动江西建设千万吨级智慧炼厂，建设庐山、井冈山生态文化旅游区等，在培育世界级产业集群方面，以上海、武汉、重庆、安徽、长株潭区域、成都、浙江、南昌为核心完善整车制造及配套产业链，大力发展新能源汽车产业，打造汽车制造产业集群。

长江经济带发展战略机遇下，千年赣鄱黄金水道将再次被激活。江西具有丰富的内河水系，但由于历史原因，部分水系未完全实现与铁路、公路、民航的有效衔接，港口在综合运输体系中的节点作用未能真正体现，"最后一千米"的问题亟待解决。

江西积极对接沿江和周边省高速公路网，全面打通 28 个出省高速通道，建成"四纵六横八射十七联"高速公路网。同时，加快实施武九、昌吉赣、合安九、赣深、昌景黄等客运专线，九景衢、渝长厦等快速铁路，构建以京九、沪昆大"十"字形高铁为支撑，覆盖所有设区城市的"四纵四横"快速铁路网，实现南昌至长江中游城市群中心城市 1 ~ 2 小时，至上海、广州等周边主要城市 3~4 小时，至北京 6 小时到达。

此次《纲要》提出，要促进各类城市协调发展，发挥上海、武汉、重庆等超大城市和南京、杭州、成都等特大城市引领作用，发挥合肥、南昌、长沙、贵阳、昆明等大城市对地区发展的核心带动作用，加快发展中小城市和特色小城镇，培育一批基础条件好、发展潜力大的小城镇。在2016年城市分级中，南昌入选为"二线城市"，长江经济带发展战略为南昌晋升一线大城市创造了契机。

二、江西融入长江经济带发展战略的新机遇

建设长江经济带，是国家由"沿海发展"向"沿海与沿江比翼发展"的重大战略转变，更是打造中国经济转型升级"新增长极"的重要举措，其战略意义重大而深远。主动融入长江经济带，是发挥江西"承东启西、连接南北"独特的区位优势，拓展发展空间，纵深推进昌九一体化，推动江西实现发展升级、小康提速、绿色崛起的重要机遇。

国家将从综合交通、产业转型、新型城镇化、对外开放、生态廊道和体制机制创新六个方面，升级、再造长江经济带。长江经济带的建设有利于沿线省市发挥能源资源优势，实施优势互补，实现互利共赢、共同发展，也有利于打造区域利益共同体和命运共同体，促进沿线省市和谐稳定。江西作为长江之"腰"和中部区域发展的重要一极，将面临新的发展机遇。

（1）江西发展升级新机遇。一是优化产业结构。长江经济带上、中、下游之间存在显著的产业梯度和要素禀赋差异，产业能级沿长江流向呈现递增趋势，要素丰裕度则沿长江流向递减。依托长江打造"中国经济新支撑带"，发挥东部沿海辐射带动作用，必将形成产业梯度转移、经济转型升级的新局面。江西可以结合本地资源禀赋特点，选择适合自己的产业承接模式，主动承接东南沿海发达地区的产业转移，有效地促进水资源、矿产资源、农业资源、旅游资源、生态资源等与产业发展有机结合，同时通过技术的引进，促进产业从低附加值向高附加值升级，形成节约能源资源和保护生态环境的产业结构、增长方式和消费模式，在产业承接的过程中努力实现产业升级和结构优化。

二是形成开放新局面。长江经济带溯大江而上，深入中国腹地，向西延展与正在建设的丝绸之路经济带相连接，向东与建设中的海上丝绸之路相连接，形成融通国内、国际两个市场，东西双向，沿海、沿江、沿边全方位的

中国开放新格局。江西借助交通基础设施的发展与完善，把鄱阳湖生态经济区发展战略、昌九一体化区域发展战略与长江经济带发展战略有机结合起来，带动人流、物流、资金流、信息流集聚，不仅可以提升江西与邻省的经贸合作，也将促进外向型经济快速发展。

三是促进江西省区域协调发展。虽然江西只有九江一个沿江城市，但汇入鄱阳湖的赣江、抚河、信江、修河、饶河，都是长江水域的一部分，整个江西全境都应该融入长江经济带，享受长江经济带这条国家发展轴带来的政策和利益，打破行政壁垒、市场分割和行业界限，促进发达地区和落后地区的联动，缩小江西南北、东西部差距。同时，江西省可构建"赣湘开放合作试验区"，主动先行探索与长株潭城市群的合作机制，借助长株潭城市群融入长江经济带，把试验区打造成省际合作的示范区，加强区域经济合作交流，拓展发展空间。

（2）江西小康提速新机遇。一是缩小与沿海发达地区的差距。建设长江经济带，使产业和基础设施连接起来、要素流动起来、市场统一起来，必将在全流域范围内形成一种立足于比较优势的差异化分工格局。通过协作分工，将各省市的优势产业和产品形成专业化生产，再通过联合的统一市场进行优势互补，生产的成本将会大大下降，并将产生巨大的经济效益。江西可以充分发挥自身优势，与长江经济带其他省份进行资源、产业等对接，优势互补、错位发展、合作共赢，进一步缩小差距，提高自身经济发展水平和经济影响力。

二是推动新型城镇化和城市群的发展。江西省可通过发挥长三角地区的引领作用和长江经济带的联动作用，加快打造由南昌核心增长极、九江沿江产业带、昌九工业走廊构成的核心增长区，大力推进昌九一体化、环鄱阳湖城市群、赣州大都市圈建设，发挥城市群对经济腹地的经济拉动作用，配套发展一批区域性大城市、卫星城市和中心集镇，形成多层次城市发展格局，完善江西城市体系与空间布局，推动新型城镇化进程，繁荣发展城市经济。

（3）江西绿色崛起新机遇。长江生态安全关系全局，建设长江经济带，必须首先保护好母亲河。因此，"依托黄金水道建设长江经济带"，不仅要打造"长江经济走廊"，还要打造"长江绿色生态走廊"。江西地处长江中游，鄱阳湖是我国最大的淡水湖，也是长江的重要调蓄湖泊，鄱阳湖水量、水质的持续稳定，直接关系到鄱阳湖周边乃至长江中下游地区的用水和生态安全。加快鄱阳湖生态经济区建设和赣鄱生态"黄金水道"建设，共同促进沿江沿湖经济文明和生态文明协调发展，构建好长江流域重要的生态屏障，是江西对"长江绿色生态走廊"建设的贡献，更是江西实现科学发展、绿色崛起的必然选择。

三、江西实施全境融入长江经济带发展战略

长江是我国第一大河，世界第三长河，干流流经青、藏、川、滇、渝、鄂、湘、赣、皖、苏、沪11个省（市、自治区），全长6300千米，流域面积180万平方千米，约占全国总面积的1/5。2014年9月，国务院印发《关于依托黄金水道推动长江经济带发展的指导意见》（以下简称《意见》），部署将长江经济带建设成为具有全球影响力的内河经济带、东中西互动合作的协调发展带、沿海沿江沿边全面推进的对内对外开放带和生态文明建设的先行示范带。《意见》指出，长江是货运量位居全球内河第一的黄金水道，在区域发展总体格局中具有重要战略地位。依托黄金水道推动长江经济带发展，打造中国经济新支撑带，有利于挖掘中上游广阔腹地蕴含的巨大内需潜力，促进经济增长空间从沿海向沿江内陆拓展；有利于优化沿江产业结构和城镇化布局，推动中国经济提质增效升级；有利于形成上中下游优势互补、协作互动格局，缩小东中西部地区发展差距；有利于建设陆海双向对外开放新走廊，培育国际经济合作竞争新优势；有利于保护长江生态环境，引领全国生态文明建设。

《意见》明确，要以改革激发活力、以创新增强动力、以开放提升竞争力，依托长江黄金水道，高起点高水平建设综合交通运输体系，推动上中下游地区协调发展、沿海沿江沿边全面开放，构建横贯东西、辐射南北、通江达海、经济高效、生态良好的长江经济带。

《意见》提出了七项重点任务。一是提升长江黄金水道功能。二是建设综合立体交通走廊。三是创新驱动促进产业转型升级。四是全面推进新型城镇化。五是培育全方位对外开放新优势。六是建设绿色生态廊道。七是创新

区域协调发展体制机制。

2015 年 5 月 12 日，江西省政府印发《贯彻国务院关于依托黄金水道推动长江经济带发展的指导意见的实施意见》（以下简称《实施意见》），明确了江西省在参与长江经济带发展中的战略定位、主要目标、重点任务等。

《实施意见》指出在全国区域经济发展空间格局步入新常态的背景下，党中央、国务院决定重点实施"一带一路"、京津冀协同发展、长江经济带三大战略，这将成为全国构筑全方位开放格局的重要支点。江西作为长江经济带覆盖的 11 个省（市）之一，全境融入长江经济带发展战略之中，这为江西优化发展布局、加快发展步伐带来了前所未有的历史机遇。

《实施意见》提出，要紧紧抓住长江经济带建设这一重大机遇，强化基础设施、重点产业、开放平台、市场体系四个对接，构建综合交通、产业转型升级、新型城镇化、开放合作、生态安全五大格局，努力把江西建设成为长江经济带的重要战略支撑、内陆沿江开放合作的新高地、全国生态文明建设的先行示范区。在对接基本思路上，主要是坚持"交通先行，产业主导""双核引领，多点支撑""改革创新，开放合作""保护生态，绿色发展"四条原则，使《实施意见》既与国家指导意见相衔接，又与江西省的有关重大发展战略部署相结合。

围绕构建五大格局，《实施意见》提出了具体任务：加快打通战略通道，构建连江通海综合交通格局；大力培育重点产业集群，构建集聚集约产业转型升级格局；携手共建长江中游城市群，构建联动发展新型城镇化格局；积极参与沿江跨区域合作，构建全方位多层次开放合作格局；加强长江中下游生态屏障建设，构建江湖和谐生态安全格局。

四、江西推进长江经济带建设的主要任务

江西省明确提出抢抓机遇，认真谋划，加强与国家战略对接，主动融入长江经济带建设，以昌九一体化区域和长江经济带为双引擎，借助长江黄金水道，综合推进优势资源开发利用，优化产业和城镇布局，大力推动经济社会实现又好又快发展。

（1）强化顶层设计及政策推动。尽快制定《江西省长江经济带建设规划》，

进一步明确江西在长江经济带建设中的功能定位、发展目标和重大举措，明确沿江统筹发展的格局以及在江西省开放型经济布局中的重要作用，积极寻求与其他省份的合作沟通。积极创建省部合作共推江西长江经济带协调发展体制机制，重点加强与水利部、交通部及长江航务管理局和长江航道局合作，争取业务指导、政策和项目支持。在充分发挥本省区位优势和资源优势的基础之上，推动长江中游城市群各地在承接产业转移时错位发展、合作共赢。打破行政区划的限制，推动资金、人才、技术等要素的自由流动，引导人口和产业合理集聚转移，将昌九一体化区域打造成内陆地区对外开放试验区，将其纳入各项先行先试改革范围。

（2）全面拓宽开放通道。江西融入长江经济带的首要突破口是要建设出海出省出境通道，提升通往长江的航运能力。一要加快鄱阳湖水系航运等基础设施建设，振兴"千年赣鄱黄金水道"，实现赣江—鄱阳湖—长江水运对接；加强"一湖五河"航道疏浚，依托黄金水道对接长三角、上海自贸区，有序承接国际和沿海产业转移，统筹对外、对内开放，加快构建江西开放型经济新体制。二要争取国家的支持，加快推进高速铁路建设，加大国际国内航线的开辟力度，使公路、水路、航空、铁路之间无缝连接，构建畅通便捷的现代物流运输体系，提高市场的开放性。三要加快推进昌九两港一体化发展，围绕打造互联互通的水路、公路、铁路、航空立体交通大格局，吸引铁路物流、民航物流和水路物流、公路物流相互衔接集聚，进一步强化昌九两港作为中西部地区承接长三角、珠三角、海西经济区辐射桥头堡的作用。

（3）构建产业承载平台。一是支持国家级开发区在管理体制、运行机制等方面先行先试，重点支持开发区建设科教研发、投融资服务、国际科技合作和商务平台。二是推进省级工业园区规划调整、优化升级，支持自主创新能力强、创新创业环境优、高新技术产业集聚程度高、土地集约利用好的园区升级为国家高新技术产业园区；鼓励产业基础扎实、产业特色明显、发展势头良好、带动能力强的园区升级为国家经济技术开发区；允许经济外向度较高、出口加工贸易活跃、口岸配套功能基本完善的园区申请设立国家出口加工区；对工业基础较好、工业集聚度较高、产业特色鲜明的省级产业基地，支持其申请设立省级工业园区和经济开发区。三是搭建内、外经贸平台。

积极参与长江经济带分工，积极推进长江中游城市群建设，加快建设南昌临空经济区和九江临港经济区，打造昌九扩大开放试验区，全力支持赣州综合保税区建设，以深度对接国内外市场、扩大资源配置的范围和能力；鼓励和推动外国政府、国际机构、商贸协会组织和国际风险投资机构等来赣设立代表处或办事机构，依托国家驻外经贸促进机构，搭建招商平台。

（4）提升区域互动合作水平。要从国家层面创新区域协调合作机制，打破长江经济带内各省市的行政区划限制，建立共同市场，主要通过市场机制的自发作用，推动区域之间的合作、协作、产业对接，实现互利共赢。各省市应抓紧建立联席会议制度，形成区域合作机制。作为长江经济带上的欠发达省份，江西省必须强化与长江流域省市合作，加强与长三角、长江中游城市群的合作，加强与长江流域主要城市的深度融合发展；推动江西与长江经济带其他省市在产业园区、文化旅游、生态建设等方面深化合作，推动产业、项目、交通等方面对接，促进人流、物流、资金流、信息流等要素和资源充分共享、高效流动、优化配置，推动沿江省市全方位、宽领域、多层次合作共建。

第三节　江西在长江经济带发展中的战略定位

长江经济带覆盖 11 个省市，各地都希望抓住机遇，分享政策红利。但是在机遇面前，江西省认识到只有找准自己的定位，尽早做好规划，并立说立行，才能抢得先机。

一、长江经济带战略中的江西区域定位

（1）承东启西、连接南北的战略纽带。江西处在诸多国家发展战略的衔接地带，是珠三角、长三角、闽东南三角区的战略腹地，是粤港澳产业产品"西进"和"北上"的必经通道，这使江西发展拥有独特的区位优势。建设长江经济带和长江中游城市群，江西作为我国东南沿海发达地区的战略腹地和战略纵深，区位优势将愈加凸显。因此，江西可以充分利用独特的区位优势，成为长三角、珠三角和闽东南三角区三大经济区联动发展，上海自贸区、

丝绸之路经济带、粤港澳自贸区等区域经济互动的重要纽带。

（2）产业转型升级试验区。江西应利用天然的赣都航道和现代化的综合运输体系，大力推进南昌、九江及赣州等中心城市承接产业转移示范区建设，在承接产业转移的过程中提升支撑带动能力，实现承接产业转移和转型发展的双赢。

（3）长江中游城市群的核心板块。江西省可通过资源整合和产业链重组，实现以昌九一体化为核心，推进环鄱阳湖城市群各城市一体化发展，构筑江西经济增长的核心板块；积极推进环鄱阳湖城市群、武汉城市圈、长株潭城市群和皖江城市带的融合，构建一体化的特大型长江中游城市群，充分发挥系统集成效应，提升区域的综合竞争力和可持续发展能力，使区域整体进入跨越式发展的"快车道"，成为支撑未来中国经济持续稳定快速发展的核心板块和第四增长极。

（4）长江生态安全重要保障区。发挥鄱阳湖保障水生态安全的重要作用，大力加强生态建设和环境保护，切实维护生态功能和生物多样性，着力提高鄱阳湖、长江干支流的调洪蓄水能力，努力构筑区域生态安全体系。加快对鄱阳湖、长江干支流等的综合治理，构建资源节约、环境友好的生态产业体系和生态型城市群，把长江中游城市群建成长江中下游水生态安全保障区，确保长江中下游地区的生态安全。

二、江西在长江经济带绿色发展中的战略定位

"绿色发展"是联合国计划开发署在 2002 年发表的一个文件中第一次提出来的，这个文件首次提出中国应当选择绿色发展之路。我国的"十二五"规划里已经提出了绿色发展，在"十三五"规划里又着重提起。长期以来，绿色发展无非指环保、低碳的发展。环保即有利于保护生态环境——就是绿色。绿色发展就指有利于环境保护，有利于维持生态健康的发展。发展通常指经济增长，后来也指人权状况的改善、政治体制的改善等。霍艳丽和刘彤教授认为，绿色发展是在生态环境容量和资源承载力约束条件下，将生态保护作为可持续发展支柱的新型发展模式。绿色发展包含四层意思，即生态健康、环境绿化、社会公平、人民幸福。这就把发展的含义大大扩展了。在这

扩展的意义上发展相当于改善，发展意味着变得更好。

　　绿色发展就是可持续发展，可持续发展是尊重生态规律的发展。那就意味着可持续发展就是绿色发展。一个国家如果能够实现绿色发展那也就建成了生态文明。但至今为止我们的发展仍然是不可持续的，仍然是非绿色的，是粗放式、高能耗、低效益、重污染的发展，我国正在经历由这样的发展转向真正可持续发展痛苦的、长期的转型过程。如果真正实现了绿色发展，即上述四个方面都实现了，那就意味着真正建成了生态文明，所以追求绿色发展与建设生态文明具有内在一致性。

　　江西省充分认识到追求绿色发展与建设生态文明具有内在一致性，全面贯彻党的十八大和十八届三中、四中、五中、六中全会精神以及十九大以来系列会议精神，深入贯彻习近平总书记系列重要讲话精神和治国理政新理念新思想新战略，紧紧围绕统筹推进"五位一体"总体布局和协调推进"四个全面"战略布局，牢固树立和贯彻落实绿色发展理念，认真落实党中央、国务院决策部署的高质量发展之路，围绕建设富裕美丽幸福江西，进一步坚定以提升生态环境质量、增强人民群众获得感为导向的高质量发展之路，以机制创新、制度供给、模式探索为重点，积极探索大湖流域生态文明建设新模式，培育绿色发展新动能，开辟绿色富省、绿色惠民新路径，构建生态文明领域治理体系和治理能力现代化新格局，努力打造美丽中国"江西样板"。由中共中央办公厅、国务院办公厅于 2017 年 10 月 2 日印发《国家生态文明试验区（江西）实施方案》，明确了江西生态文明发展的战略定位。

　　（1）山水林田湖草综合治理样板区。把鄱阳湖流域作为一个山水林田湖草生命共同体，统筹山江湖开发、保护与治理，建立覆盖全流域的国土空间开发保护制度，深入推进全流域综合治理改革试验，全面推行河长制，探索大湖流域生态、经济、社会协调发展新模式，为全国流域保护与科学开发发挥示范作用。

　　（2）中部地区绿色崛起先行区。统筹推进生态文明建设与长江经济带建设、促进中部地区崛起等战略实施，加快绿色转型，将"生态＋"理念融入产业发展全过程、全领域，建立健全引导和约束机制，构建绿色产业体系，促进生产、消费、流通各环节绿色化，率先在中部地区走出一条绿色崛起的新路子。

（3）生态环境保护管理制度创新区。落实最严格的环境保护制度和水资源管理制度，着力解决经济社会发展中面临的突出生态环境问题，创新监测预警、督察执法、司法保障等体制机制，健全体现生态文明要求的评价考核机制，构建政府、企业、公众协同共治的生态环境保护新格局。

（4）生态扶贫共享发展示范区。推动生态文明试验区建设与打赢脱贫攻坚战、促进赣南等原中央苏区振兴发展等深度融合，探索生态扶贫新模式，进一步完善多元化的生态保护补偿制度，建立绿色价值共享机制，引导全社会参与生态文明建设，让广大人民群众共享生态文明成果。

2018年8月9日，中共江西省委办公厅江西省人民政府办公厅印发《江西省长江经济带"共抓大保护"攻坚行动工作方案》，该方案进一步明确提出江西省要牢牢把握"共抓大保护、不搞大开发"战略导向，坚持"生态优先、绿色发展"战略定位，正确把握整体推进和重点突破、生态环境保护和经济发展、总体谋划和久久为功、破除旧动能和培育新动能、自我发展和协同发展五个关系，牢固树立和践行绿水青山就是金山银山的理念，统筹山水林田湖草系统治理，在水资源保护、水污染治理、生态修复与保护、城乡环境综合治理、岸线资源保护利用、绿色产业发展六大领域，从解决生态环境保护突出问题入手，抓重点、补短板、强弱项，系统谋划、综合施策、集中攻坚，筑牢长江中游生态安全屏障，打造美丽中国"江西样板"。

2019年7月10号，《江西省长江经济带发展负面清单实施细则》为贯彻落实习近平总书记关于推动长江经济带发展的重要讲话精神，坚持"共抓大保护、不搞大开发"和"生态优先、绿色发展"战略导向，加快建立生态环境硬约束机制，根据推动长江经济带发展领导小组办公室《关于发布长江经济带发展负面清单指南（试行）的通知》（第89号）要求，结合江西实际，制定了关于严格岸线河段管控、严格区域活动管控、严格产业准入等的实施细则。

2020年，南昌市推动长江经济带发展领导小组办公室颁布《2020年南昌市推动长江经济带发展工作要点》，该文件指出江西省应该切实将保护和修复长江生态环境摆在压倒性位置，紧盯警示片问题整改不放松，挂图作战，销号管理，加快推进问题整改进度，确保工作走在沿江前列。通过问题整改形成震慑效应，倒逼推动绿色可持续发展。扎实推进生态环境污染治理"4+1"工程，深入开展专项整治行动，大力推进生态环境系统性保护修复，不断巩固提升生态环境质量。全面融入长江经济带综合交通廊道，提升交通枢纽能力，加快推进高速铁路、普速铁路、高速公路、机场等项目建设，着力构建"互联互通、多式联运、通江达海"现代化综合立体交通体系。大力实施创新驱动发展战略，优化产业布局，促进产业转型升级、加速倍增，助力全市长江经济带高质量发展。严格执行生态环境保护硬约束机制，加强综合管控，强化监测预警，完善司法保障，推进生态环境协同治理，夯实共抓大保护的体制机制。

2021年3月，《中华人民共和国国民经济和社会发展第十四个五年规划和二〇三五年远景目标纲要》提出，开创中部地区崛起新局面，推动长江中游城市群协同发展。环鄱阳湖城市群是中部区域发展的重要增长极，是引领江西经济发展的火车头。

第四节　江西省绿色发展政策体系

一、构建生态文明制度"四梁八柱"

制度建设是生态文明建设的核心，也是中央设立国家生态文明试验区的出发点。江西省政府对照中央生态文明体制改革任务，结合江西实际，提出了六大制度体系的基本框架，即：构建山水林田湖系统保护与综合治理制度体系、构建最严格的环境保护与监管体系、构建促进绿色产业发展的制度体系、构建环境治理和生态保护市场体系、构建绿色共享共治制度体系、构建全过程的生态文明绩效考核和责任追究制度体系。同时，2016年开始重点推进了12项制度建设，取得积极成效，初步形成了"源头严防、过程严管、后果严惩"的生态文明"四梁八柱"制度框架。

一是建立健全"源头严防"制度体系。建立生态保护红线制度，划定保护范围5.52万平方千米，占江西省面积的33.1%，成为全国第三个正式发布生态保护红线的省份。建立水资源红线制度，制定"十三五"水资源消耗总量和强度双控行动工作方案，下达江西省水资源管理红线控制指标。建立土地资源红线制度，全面划定城市周边永久基本农田3693万亩，出台开发区节约集约利用土地考核办法。完善自然资源产权制度，启动水流、森林、山岭、荒地、滩涂等自然生态空间统一确权登记试点工作。健全空间管控制度，启动编制省域空间规划，6个市县"多规合一"试点形成成果，深入实施江西省主体功能区规划，推动26个国家重点生态功能区全面实行产业准入"负面清单"制度。

二是建立健全"过程严管"制度体系。完善"河长制"，建立健全区域与流域相结合的5级河长组织体系和区域、流域、部门协作联动机制。完善全流域生态补偿制度，在全国率先实行全流域生态补偿，首批流域生态补偿资金20.91亿元全部下达到位；启动江西——广东东江跨流域生态保护补偿试点，国家和江西、广东两省每年安排补偿资金5亿元。完善环境管理与督察制度，推进流域水环境监测事权改革，上收流域断面水质自动监测事权，出台江西省环境保护督察方案，基本建立市县城乡生活垃圾一体化处理、一个部门管理、一个主体运营的新机制。完善生态文明市场导向制度，制定江西省主要污染物初始排污权核定与分配技术规范、排污权出让收入管理实施办法，基本完成萍乡山口岩水库省级水权交易试点，推进南昌、鹰潭环境污染第三方治理试点，江西省碳排放权交易中心获批成立。

三是建立健全"后果严惩"制度体系。完善考核评价机制，优化市县科学发展综合考核评价体系，进一步提高生态文明在考核中的权重。建立生态文明建设评价指标体系，并在南昌、赣州等地开展试点。探索自然资源资产负债表及离任审计制度，开展自然资源资产负债表试点并形成初步成果，出台江西省党政领导干部自然资源资产离任审计实施意见，完成萍乡等地试点审计。完善生态环境损害责任追究制度，出台江西省党政领导干部生态环境损害责任追究实施细则，建立精准追责机制。

二、强化依法防治矿山污染的政府监管

江西省成矿地质条件优越，矿产资源丰富，开采历史悠久，是我国主要

的有色、稀土矿产资源基地之一。据了解，2020 年底，江西省矿山总数从 2015 年的 5237 个减少到 2418 个（不含铀矿山），其中大型矿山 168 个，中型矿山 260 个，大中型矿山的比例由 2015 年的 8.84% 提高到了 17.7%，达到 2020 年的规划目标（12%）；主要大中型矿山开采回采率达标率达到 95.28%，选矿回收率达标率达到 87.4%，提高了矿产资源节约利用水平，优化了矿山企业结构，逐步形成符合生态文明建设要求的矿业发展新模式。

江西省国土资源厅履行政府指导监管职能，认真学习和贯彻习总书记"共抓大保护、不搞大开发"，"不搞大开发不是不要开发，而是不搞破坏性开发，要走生态优先、绿色发展之路"的思想，履行行政权力，依法承担保护与合理利用矿产资源、规范矿产资源管理秩序、依法查处矿产资源领域违法行为和指导监督矿山土地复垦、组织实施矿山地质环境恢复治理等工作。积极地全面贯彻落实党中央、国务院关于加快推进生态文明建设的意见等重大决策部署，落实省委、省政府关于全面加强生态环境保护坚决打好污染防治攻坚战的实施意见。

（1）科学规划、合理布局，促矿产资源开发源头管控。为发挥规划对矿产资源开发利用管理的引领和先导作用，国土资源厅自 2000 年成立以来，共编制并发布了三轮矿产资源总体规划。2017 年，国土资源厅发布实施了《江西省矿产资源总体规划（2016–2020 年）》，为严格开发过程监管，实现矿山生态环境源头管控，促进江西省矿产资源开发空间布局科学、合理，本轮规划在上轮规划的基础上，进一步提高了矿产资源开发的生态环境要求和准入门槛，突出了创新、协调、绿色、开放、共享的新发展理念。在矿业权设置方面，根据矿产资源总体规划和生态保护红线要求，国土资源厅一是坚持生态保护原则，严格执行矿产资源规划制度，对于不符合空间布局和生态环境保护规划的不设置新的矿业权。二是提高新建矿山的准入门槛，对于无环评手续的不设置采矿权。三是全面停止涉及生态保护红线的自然保护区等禁止开发区内的矿产资源勘查开采行为。对于涉及自然保护区等禁止开发区的不设置新的矿业权。

（2）夯实管理、调整结构，促矿产开发业转型升级。国土资源厅以绿色发展理念管矿用矿，加强矿产资源开发管理，加大产业结构调整，促进矿业转型升级。主要开展了三项工作：

提高矿产资源开发规模化、集约化水平。通过"达标保留一批、改造升级一批、整合重组一批、淘汰关闭一批"，切实调整产业结构，逐步改变江西省矿山"散、小、弱"状况。2017 年以来，按照国家、省化解过剩产能工作安排，依法注销了一批小煤矿的采矿许可证，江西省煤矿采矿权由 2016年底的 500 余家减少到目前的 200 家左右。同时不再新批准砖瓦用黏土矿和开采规模小于年产 30 万吨的采石场。

矿山总数量明显减少，增加中型以上规模矿山占比。江西省大中型矿山主要是有色金属和水泥原料矿山，小型矿山主要是煤、饰面石材、砂石和砖瓦用黏土等非金属矿山。2015 年以来，江西省为促进资源规模开发、集约利用，鼓励矿山重组兼并，做大做强，积极引导规模条件差的矿山有序退出。目前江西省矿山企业从 5236 家缩减为 3835 家。通过矿产开发结构调整，实现规模开采、集约经营和大中小矿协调发展的布局，初步形成了赣东铜，赣南钨、稀土、高岭土，赣西铁、钽铌，赣北铜、金、钨四大矿业经济重点发展区域，省内矿业产值由 2015 年的 290.1 亿元，增加到 2017 年的 354.3 亿元，增加比例超过 22%。

提升"三率"水平达标率，提高资源综合利用。江西省大力推进尾矿和废石综合利用，以尾矿和废石提取有价组分、生产高附加值建筑材料、充填、无害化农用和生态应用为重点，组织实施尾矿和废石综合利用示范工程，不断提高尾矿和废石综合利用比例，扩大综合利用产业规模，减少对生态环境的影响。根据近两年对大中型矿山三率指标执行的检查情况，受检矿山的"三率"都达到了国土资源部颁发的标准。

（3）铁腕执法、重点打非，促矿山开发秩序持续好转。为进一步规范矿业开发秩序，加强矿山治理整顿，2018 年，国土资源厅下发了开展打击非法采矿等违法违规行为专项行动实施方案的通知，从 2018 年起组织开展为期 2 年的专项行动，重点打击非法勘查开采等违法违规行为。国土资源厅还下发了《关于做好江西省自然保护区国土资源执法监察的通知》，全面停止了自然保护区范围内的勘查开采行为，要求各级国土资源执法监察机构对江西省自然保护区内矿业开发定期开展执法检查，对自然保护区的违法行为依法按程序进行查处并督促整改，有效遏制了矿产资源违法违规行为。

（4）预防为主、防治结合，促生态环境恢复提质提速。根据中华人民共和国《土地复垦条例》、国土资源部《矿山地质环境保护规定》和《江西矿产资源管理条例》，按照建设国家生态文明试验区的要求，国土资源厅加强矿山地质环境保护，坚持"预防为主、防治结合""谁开发谁保护、谁破坏谁治理、谁投资谁受益"的原则，推动矿山地质环境恢复与治理和矿山土地复垦。

推进矿山地质环境恢复和综合治理政策出台。2017 年，国土资源厅联合省工信委、省财政厅、省环保厅、省能源局印发了《江西省矿山地质环境恢复和综合治理工作方案》，明确了部门协作分工，强化了工作措施，将矿山地质环境恢复和综合治理纳入本地经济社会发展和生态文明建设总体布局，为加快历史遗留问题的解决提供保障。

加强矿山地质环境详细调查，夯实矿山地质环境恢复治理。2016 年以来，省、市、县三级国土部门从部门预算中共计安排了 0.512 亿元用于开展江西省（及市、县）矿山地质环境详细调查和矿山地质环境综合治理规划编制，截至目前，江西省矿山地质环境调查已基本完成。

切实做好废弃矿山地质环境治理工作。为解决历史遗留问题，近年来，中央、省财政共安排江西省矿山地质环境治理项目 107 个，累计安排资金 21.88 亿元。据初步调查统计，2018 年底，江西省已完成废弃矿山恢复治理 4900 余处，累计恢复治理面积 57 平方千米。按宜林则林、宜草则草、宜耕则耕、宜水则水的原则，通过实施景德镇、萍乡资源枯竭性城市矿山地质环境恢复治理重点工程，赣州寻乌等废弃稀土矿区地质环境治理示范工程，赣州市山水林田湖草生态保护修复试点等一批项目，治理区水土流失得到遏制，地质灾害隐患得以消除，基本实现复垦复绿，矿区及周边生态环境明显好转。

（5）绿色发展、积极转型，促绿色矿山建设稳步推进。国土资源厅以开展绿色矿山和矿山公园建设为推手，引导矿业权人自觉向绿色矿业发展：一是联合省财政厅、省环保厅、省质监局、银监会江西监管局、证监会江西监管局六部门于 2017 年印发了《江西省全面推进绿色矿山建设实施意见》，计划到 2020 年，江西省力争建设 200 个绿色矿山，建设赣州市和德兴市 2

个绿色矿业发展示范区，基本形成绿色矿山建设新格局，截至目前，江西省已有德兴铜矿等20家矿山企业入选全国绿色矿山建设名录。二是开展矿山公园申报和建设。国土资源厅积极倡导在资源枯竭矿山的治理恢复过程中，开展矿山公园建设，以保护珍贵矿业遗迹和矿山环境综合治理为目标，以开展矿业旅游为手段，通过矿山公园的建设，促进当地社会经济可持续发展和矿业转型升级。截至目前，江西省已有国家级矿山公园6处，其中瑶里高岭土等几处国家矿山公园已完成基本建设，揭碑开园。西华山钨矿等国家矿山公园正在加紧建设中。

2020年江西省国土空间生态修复开创了新局面。在省级层面率先出台探索利用市场化方式推进矿山生态修复实施办法，鼓励和引导社会资本投入矿山修复。生态修复融资渠道进一步拓宽，自然资源厅与国开行江西分行签订协议，由其提供约200亿元金融信贷资金支持生态修复项目。全面完成长江江西段及赣江两岸10千米范围内357座、面积2.47万亩（1亩≈667平方米）的矿山生态修复任务。基本完成赣州山水林田湖草生态保护修复试点任务，完成废弃矿山治理5.12万亩、土地整治与土壤改良7.79万亩。赣南等原中央苏区农村土地整治重大工程35个子项目完成竣工验收，实际完成建设规模50.06万亩，超额完成0.42万亩。20个乡（镇）纳入国家全域土地综合整治试点范围。江西省山地丘陵地区山水林田湖草系统保护修复模式、寻乌废弃稀土矿山生态修复"三同治"模式被列为典型经验在全国推广。

"十四五"时期，是生态文明建设进入以降碳为重点战略方向、推动减污降碳协同增效、促进经济社会发展全面绿色转型、实现生态环境质量改善由量变到质变的关键时期。为统筹生态文明建设和生态环境保护工作，2021年11月30日，《江西省"十四五"生态环境保护规划》（以下简称"规划"）正式印发实施。

规划统筹考虑了"十四五"总体目标与2035年高标准建成美丽中国"江西样板"远景目标，以及碳达峰碳中和目标愿景，充分体现国家战略导向，锚定江西生态环境保护工作在国家生态文明试验区、长江经济带和中部地区的定位和目标，突出以服务高质量跨越式发展为主题、以减污降碳协同增效为总抓手，既提出了打基础、利长远的战略目标和举措，又明确了当期见效的重大政策、重点任务和重大工程。

规划分析了"十三五"污染防治攻坚战取得阶段性成效、国家生态文明试验区建设取得阶段性成果等五大机遇，以及江西省生态环境保护结构性矛盾仍然突出等五大挑战。

规划谋划了全省生态环境保护十大重点任务：坚持创新引领，推动绿色低碳发展；控制温室气体排放，积极应对气候变化；加强协同控制，提升大气环境质量；深化"三水"统筹，巩固水生态环境质量；推进系统防治，提升土壤和地下水环境质量；防治农业农村污染，推进美丽乡村建设；加强保护与修复，提升生态系统质量和稳定性；强化风险管控，严守环境安全底线；深化改革创新，健全现代环境治理体系；开展全民行动，推动形成绿色生活方式。

规划还提出江西省生态环境保护十项重大工程，即结构调整、应对气候变化、重点行业大气污染治理、水生态环境保护提升、土壤和重金属污染治理、农村生态环境保护、生态保护修复、生态环境风险管控、生态环境监管能力建设和全民行动重大工程。

规划设置环境治理、应对气候变化、环境风险防控等五大类 20 项 30 个指标，其中预期性指标 14 个、约束性指标 16 个。全面承接了国家规划设置的四大类 20 项 23 个指标，涉及江西的 21 个指标；还统筹衔接了省"十四五"规划纲要涉及生态环境保护方面的 6 个指标。

规划新增了 14 个指标，突出"十四五"生态环境保护积极应对气候变化、生态保护修复等新方向和新要求。在环境治理类中，增加"好水"（地表水达到或好于 II 类水体）和"劣水"（地表水 V 类及劣 V 类水体）比例要求，并将考核指标延伸到县（市、区）。到 2025 年，全省全域 PM2.5 浓度降到 24.8 微克每立方米以下，空气质量优良天数比率达到 95.2% 以上，地表水达到或好于 III 类断面比例达到 93.9% 以上。

江西省是矿产资源大省，矿业经济为江西省经济发展做出了巨大贡献，同时也存在一些问题，需要国土资源厅重点做好以下几方面工作：

一是深化矿产资源管理改革，着力推进依法管矿。国土资源厅将按照党中央国务院、省委省政府和自然资源部的统一部署，落实矿产资源管理在经济社会大局中的职责定位，推进矿产资源管理方式转变。

二是妥善处理保护地与矿业权的关系。国土资源厅将根据生态保护红线划定的不同情况，对矿业权进行分类处置。

三是继续做好打击非法采矿等违法违规行为和江西省自然保护区用矿执法检查专项行动。按照有关要求，国土资源厅将继续督促各地做好打击非法采矿行为整治工作，对发现非法违法行为及时上报，坚决予以打击。

四是发展绿色矿业和加强绿色矿山建设。进一步加强规划审查和实施，调整矿产资源开发利用结构，规范新立矿山建设，全面推进绿色矿山创建，开展绿色矿业发展示范区建设工作。

五是加强矿山地质环境恢复治理，大力实施山水林田湖草生态保护修复。根据江西省矿山地质环境详细调查成果，加强矿山地质环境恢复治理，加快完成历史遗留问题恢复治理进程。全面总结推广赣州市山水林田湖草生态保护修复试点工作经验，制定合理利用社会资金进行矿山地质环境恢复治理的政策措施，鼓励社会和群众参与，深入实施国土空间生态修复工程，为江西省打好污染防治攻坚战添砖加瓦。

三、绿色发展金融政策支持绿色发展

江西省十三届人大常委会第十四次会议对《江西省生态文明建设促进条例（草案）》（以下简称《条例（草案）》）进行了初次审议。随后进行了公布，向社会公开征求意见。

《条例（草案）》共十章七十六条，分为总则、生态文明规划、生态文明制度体系、生态文化、生态经济、生态安全、目标责任、保障与监督、法律责任和附则。

江西省人民政府应当加快推进江西省生态云大数据平台建设，汇聚融合江西省生态文明相关数据，建立生态文明基础数据库，运用大数据进行分析、管理和应用，提升生态文明建设治理水平。建立生态环境损害赔偿制度生态文明制度体系方面，县级以上人民政府应当建立健全各领域生态文明制度，构建产权清晰、多元参与、激励约束并重、系统完整的生态文明制度体系，推动各项制度相互衔接，增强生态文明制度体系的系统性、整体性、协同性。

包括：建立自然资源产权制度、国土空间开发保护制度、自然资源资产有偿使用和生态补偿制度、环境治理制度、生态保护市场制度、绿色共治共享制度等。

实施河长制、湖长制和林长制，落实河、湖、林管护主体、责任和经费，完善河、湖、林管护标准体系，加强对河长制、湖长制和林长制的监督考核。省、设区的市人民政府应当建立生态环境损害赔偿制度，督促赔偿义务人对受损的生态环境进行修复，生态环境损害无法修复的，实施货币赔偿用于替代修复。造成的生态环境损害，应当由符合国家有关资质规定的生态环境损害评估单位进行评估鉴定，评估鉴定结果可以作为生态环境损害索赔和追责的依据。

在生态文明养成教育生态文化方面，江西省提出，要建立健全生态文化培育引导机制，将生态文化建设作为文明城市、文明村镇和文明单位（社区）创建评选的重要内容，推动生态文明成为全社会共识。做好生态文化载体建设，推进文化遗产保护发展工程和文化生态保护区建设，整修和保护历史文化街区和村镇、古民居、文物古迹，加强生态文化村镇创建。推动有条件的森林公园、地质公园、风景名胜区等逐步向公众免费开放，发展以国家公园为主体的自然保护地体系建设，有序推进自然保护区中的实验区适当向公众开放。生态文明相关知识纳入国民教育体系，在中小学校开展生态文化宣传教育主题活动，在幼儿园开展儿童生态文明养成教育。公务员教育培训主管部门和各级行政学院应当将生态文明建设作为公务员教育培训和干部教育培训的重要内容。

全面推动绿色发展，制定促进生态经济发展的政策措施，建立健全以产业生态化和生态产业化为主体的生态经济体系，调整经济结构、能源结构、产品结构，推进产业生态化改造，培育生态环保市场主体，鼓励、引导各类市场主体和公众参与生态经济建设，实现资源节约和生态环境保护产业化。

积极推广使用太阳能、风能、水能、地热能、生物质能等绿色能源，改善能源结构，稳步提高非化石能源的消费比重。鼓励有条件的地方发展绿色交通，使用新能源交通工具。公务用车、城市公共交通车辆新增或者更换应当以新能源车辆为主。

积极推进生态旅游，依托自然生态、田园风光、传统村落等生态资源，挖掘历史文化、民族文化等内涵，创新旅游产品，推进全域旅游发展。积极推进大健康产业发展，依托本行政区域资源优势、产业基础，重点发展生物医药、医疗服务、康体旅游、健康食品、养生养老、健康管理等六大领域，构建六位一体的大健康产业体系。

生态安全方面，建立健全以生态系统良性循环和环境风险有效防控为重点的生态安全体系，及时处理涉及生态环境的重大问题，维护生态系统的完整性、稳定性和功能性，确保生态系统的良性循环。严守生态保护红线，禁止在生态保护红线区域内进行破坏生态环境的违法活动；省、设区的市人民政府应当根据生态保护红线、环境质量底线和资源利用上线要求，编制生态环境准入清单，分类明确禁止和限制的环境准入要求。按照海绵城市建设的要求，加强城市规划建设管理，充分发挥建筑、道路和绿地、水系等生态系统对雨水的吸纳、蓄渗和缓释作用，有效控制雨水径流，逐步推行自然积存、自然渗透、自然净化的城市发展方式。加强城乡人居环境综合治理，完善污水、垃圾处理等环境卫生设施，加强城市内河整治，消灭黑臭水体，促进相关设施标准化建设和规范化管理，提高城乡人居环境质量。

保障与监督方面，《条例（草案）》规定了生态文明建设信息发布、资金保障、科研创新与推广应用支持、项目支持、跨区域执法和综合执法等内容。建立健全新闻发言人制度，建立生态文明建设信息发布和共享平台，每年发布本行政区域生态文明建设评价情况，并定期公布相关生态文明建设信息，重点公开下列信息：生态文明建设规划及其执行情况；生态文明建设指标体系及绩效考核结果；财政资金保障的重大生态文明建设项目及实施情况；社会反映强烈的破坏生态环境违法行为查处情况；公众参与的信息反馈；其他相关信息。做出涉及生态文明建设重大决策前，应当采取听证会、论证会、专家咨询会或者社会公示等方式，广泛听取社会公众意见，接受社会监督。各级人民政府及其有关部门可以聘请热心公益的社会人士、志愿者担任生态文明建设监督员，对本地本部门推进生态文明建设工作提出意见和建议。鼓励报刊、广播电视、网络等新闻媒体依法对生态文明建设以及破坏生态环境的违法行为进行舆论监督。对报刊、广播电视、网络等新闻媒体反映的问题，有关单位应当依法进行调查并及时反馈。

四、绿色制造体系建设的支持与保障

江西省绿色制造体系建设实施方案明确提出，利用省级节能专项资金、清洁生产专项资金等相关政策推进绿色制造体系建设，同时，积极争取国家工业转型升级资金、专项建设基金、绿色信贷等相关政策支持。鼓励金融机构为绿色制造示范企业、园区提供便捷、优惠的担保服务和信贷支持。全力争取利用世界银行、亚洲银行等国际金融机构贷款支持江西省工业绿色转型发展示范项目建设。

为贯彻落实《工业和信息化部办公厅关于开展绿色制造体系建设的通知》（工信厅节函〔2016〕586号）、《江西省"十三五"工业绿色发展规划》，深入贯彻江西省第十四次党代会精神，加快推进绿色制造，夯实绿色工业基础，建设富裕美丽幸福江西，2017年1月，江西省制定并公布了《江西省绿色制造体系建设实施方案》。建设思路为：贯彻创新、协调、绿色、开放、共享的发展理念，以提质增效为中心，以促进全产业链和产品全生命周期绿色发展为目的，以企业为建设主体，以公开透明的第三方评价机制和标准体系为基础，以绿色产品、绿色工厂、绿色园区、绿色供应链为绿色制造体系的主要内容，加强政策引导，发挥财政奖励政策的推动作用和试点示范的引领作用，发挥绿色制造服务平台的支撑作用，促进形成市场化机制，建立高效、清洁、低碳、循环的绿色制造体系。到2020年，绿色制造体系初步建立，绿色制造相关标准体系得到贯彻，遴选一批第三方评价机构，绿色评价体系基本建成，江西省建成3个以上国家级绿色园区，30家以上国家级绿色工厂，推广100种绿色产品，创建绿色供应链，绿色制造市场化推进机制基本形成，培育一批具有特色的专业化绿色制造服务机构。

为实现上述目标将采取以下政策支持措施：

加强政策支持。利用省级节能专项资金、清洁生产专项资金等相关政策推进绿色制造体系建设，同时，积极争取国家工业转型升级资金、专项建设基金、绿色信贷等相关政策支持。

鼓励金融支持。鼓励金融机构为绿色制造示范企业、园区提供便捷、优惠的担保服务和信贷支持。全力争取利用世界银行、亚洲银行等国际金融机构贷款支持江西省工业绿色转型发展示范项目建设。

提升服务能力。以信息化为手段，建成覆盖11个设区市的工业能耗在线监测信息平台，选择8户重点用能企业试点建设能耗三级计量监测平台，实现对重点用能企业能耗进行网上审核、分析处理、预警预测、能效对标、专家诊断等综合功能。加强咨询服务，培育专业化节能服务龙头企业，鼓励和支持节能服务公司提供能源计量和审计、能效测试、项目设计、施工、融资、节能监测、信息咨询等节能服务。推动开展固定资产投资项目节能评估和审查，高能耗企业定期能源审计，节能产品定期认证与推广等服务。

建立评价机制。遴选一批第三方评价机构，建立公平、公正、公开的绿色制造第三方评价机制，设立评价工作推进小组，贯彻执行国家公布的第三方评价实施规则，加强对评价机构的管理，建设绿色制造评价数据库，充分发挥评价机制作用，保障绿色制造体系建设的规范化和统一化。

第二章 江西省生态环境保护与绿色发展现状

第一节 江西省经济社会发展概况

1978 年改革开放以来，江西迎来了经济社会发展的新纪元，全省社会生产力得到了空前的解放，经济步入了加快发展的新阶段。特别是党的"十八大"以来，在以习近平同志为核心的党中央领导下，全省上下牢固树立和落实创新、协调、绿色、开放、共享的发展理念，紧紧围绕全面建成小康社会的宏伟目标，扎实推进稳增长、促改革、调结构、优生态、惠民生、防风险等各项工作，着力强产业促升级、打基础利长远、补短板增优势，谱写了跨越发展、改革创新的辉煌篇章。

一、经济发展实现大跨越

改革开放以来，江西经济发展实现大跨越，综合实力显著提高。经济总量突破 25000 亿元。1978 年全省地区生产总值（GDP）仅为 87 亿元，2017 年突破 20000 亿元，达 20006.3 亿元。2018 年达到 22716.5 亿元，提前 2 年实现全面小康翻番目标。2020 年达到 25691.5 亿元，在全国排位由 2015 年的第 18 位前进到第 15 位。"十三五"期间年均增长 7.6%，其中，前四年年均增长 8.6%，稳定在"全国第一方阵"；2020 年经受住了新冠肺炎疫情和鄱阳湖流域超历史大洪水的双重考验，经济运行实现 3 月份后逐月提升、逐季提速，全年增长 3.8%，保持高于全国、位居前列发展态势。经济总量跨越台阶历时缩短。GDP 从 1978 年不足 100 亿元到 1995 年突破 1000 亿元用了 17 年，到 2011 年突破 10000 亿元又用了 16 年，到 2017 年突破 20000 亿元仅用了 6 年时间。

（1）人均GDP超过50000元。1978年全省人均GDP仅为276元，继"十二五"中期（2013年）突破5000美元关口后，2016年、2018年人均GDP先后跨过6000美元和7000美元台阶，2020年人均GDP为56871元，突破8000美元，在全国排位由2016年的第18位上升到第17位。按照世界银行的划分标准，达到中等偏上收入国家（地区）水平。

（2）财政收入超过4000亿元。随着改革开放的不断深入，在经济持续快速增长的基础上，财政"蛋糕"越做越大。1978年全省财政总收入仅为12.2亿元，2015年突破3000亿元，2020年达到4048.3亿元，是2015年的1.3倍，年均增长6.0%。一般公共预算收入由2015年的2165.7亿元提高到2020年的2507.5亿元，增长15.8%，在全国的排位由第20位提升至第15位。2020年97个县（市、区）财政总收入超10亿元、12个超50亿元、3个超100亿元，分别比2015年增加12个、7个和2个，南昌县、丰城市上榜全国财政收入百强县。经济发展和地方财力增加，不断增强公共财政支出能力，1978年全省一般公共预算支出仅为16.3亿元，2017年、2019年分别突破5000亿元和6000亿元，2020年达6666.1亿元，是2015年的1.5倍，年均增长8.6%。

（3）存贷款余额双超40000亿元规模。经济规模扩张对资金吸附能力提高，金融机构本外币各项存款余额由2015年末的25043亿元增加到2020年末的43912.9亿元，增长75.4%，年均增长11.9%。资金投放扩张支撑经济作用增强，金融机构本外币各项贷款余额由2015年末的18561.1亿元增加到2020年末的41667.7亿元，增长1.2倍，年均增长17.6%。金融服务实体经济力度加大，银行存贷比由2015年末的74.1%提高到2020年末的94.8%，贷款余额年均增速高于存款余额增速5.7个百分点。

（4）社会消费品总额突破10000亿元。全省社会消费品零售总额2019年首次突破10000亿元，2020年达到10371.8亿元，是2015年的1.5倍。城乡居民收入增加带动消费总体水平提升、差距缩小，全省城镇居民人均消费支出由2015年的16732元提高到2020年的22134元，增长32.3%；农村居民人均消费支出由8486元提高到13579元，增长60.0%；城乡消费支出之比由1.97缩小到1.63。消费水平提升对经济增长"压舱石"作用日益明显，全省居民最终消费率自2016年开始保持50%以上，高于资本形成率，内需拉动基本形成消费与投资共同发力格局。

二、经济结构实现大调整

改革开放以来，江西经济结构在经济持续较快增长中不断调整，经济发展的协调性和可持续性不断增强。尤其是近些年经济结构不断得到优化。

（1）产业结构不断优化。地区生产总值三次产业比例由2015年的10.2：49.9：39.9调整为2020年的8.7：43.2：48.1，实现"二、三、一"结构向"三、二、一"结构的根本转变。农业基础地位不断巩固。2017—2020年建设高标准农田面积超过1179万亩，超额完成"十三五"新建高标准农田1158万亩目标任务，取得良好的经济效益和社会效益，为全国贡献了"江西方案"、提供了"江西经验"；2020年粮食产量达432.8亿斤（1斤＝0.5千克），连续八年稳定在430亿斤以上，为粮食安全提供可靠保障。工业发展加快向中高端迈进。新兴产业倍增、传统产业优化升级和新经济新动能培育"三大工程"扎实推进，2020年全省战略性新兴产业、高新技术产业、装备制造业增加值占规上工业比重为22.1%、38.2%、28.5%，分别比2015年提高9.1、12.5和5.7个百分点。"2+6+N"产业高质量跨越式发展行动计划，推进航空、电子信息、装备制造、中医药、新能源、新材料等优势产业加快发展，2020年全省1000亿产业达到13个，电子信息产业产值突破5000亿元，航空产业产值突破1200亿元。服务业发展步伐加快。服务业增加值2018年首次突破10000亿元，2020年达到12365.1亿元，是2015年的1.9倍；对GDP增长的贡献率为43.0%，比2015年提高7.5个百分点。

（2）需求结构不断改善。投资呈现服务业投资力度加大、工业投资明显提质、民生投资较快增长格局。2020年，全省三次产业投资比例由2015年的2.5：53.2：44.3调整为2.2：49.6：48.2，第三产业投资比重提高了3.9个百分点。工业技改投资、高新技术产业投资分别增长16.4%、18.3%，占工业投资比重39.2%、16.8%，分别比上年提高2.8和1.4个百分点。民生领域投资增长21.9%，高于全部投资增速13.7个百分点，其中卫生和社会工作投资增长27.3%，文化、体育娱乐业投资增长25.3%，教育投资增长16.4%，分别高于全部投资增速19.1、17.1和8.2个百分点。消费呈现城乡差距缩小、服务性消费升温、新兴消费势头强劲格局。2020年，全省城镇市场消费8746.6亿元、农村市场消费1625.2亿元，城乡消费规模之比由2015年的5.87缩小到5.38。全省居民人均生活用品及服务支出由2015年的737元增加到967元，年均增长5.6%；人均交通通信、医疗保健和教育文化娱乐三项支出占人均消费总支出的30.4%，比2015年高2.2个百分点；乡村游、自驾游、休闲游为代表的旅游消费快速增长，推进服务性消费持续升温。新经济快速发展大力释放新兴消费潜能，2020年，全省通过网络实现商品零售额329.6亿元，同比增长38.6%，高于限上消费品零售额增速32.4个百分点。外贸呈现民营贸易主导、商品结构优化、区域协同推进格局。2020年，全省民营企业进出口2968亿元，占进出口总值的比重由2015年的64.6%提升至74%。以高技术含量、高附加值为代表的机电产品、高新技术产品出口1611.6亿元、972.7亿元，分别是2015年的1.8倍和3.0倍；占出口值的比重为55.2%、33.3%，分别比2015年提高13.1和17.8个百分点。2016–2020年，南昌、赣州、吉安、萍乡、抚州进出口年均增长10%以上，赣南苏区进出口年均增长10.3%，均高于全省平均水平。

三、基础建设实现大发展

江西省坚持把项目建设作为"稳增长"的主要抓手，牢固树立"项目为王"理念，加快基础设施建设步伐，着力发挥有效投资关键作用，补短板、强弱项，增强经济发展后劲。

（1）交通运输能力明显提高。公路建设形成"纵贯南北、横跨东西、覆盖全省、链接周边"的高速公路网。2020年，全省公路通车里程210641.5千米，比2015年增加54017千米。其中，高速公路通车里程突破6000千米，由2015年的5058千米增加到6233千米，净增1175千米，实现"县县通高速"。铁路建成运营昌吉赣客专、武九客专、九景衢铁路等重点项目，基本形成"五纵五横"干线铁路网。2020年，全省铁路营运里程4546.3千米，比2015年增加637千米。其中，设计时速250千米及以上铁路里程1329千米，实现"市市通高铁"。水运基本形成"两横一纵"高等级航道网。2020年，全省高等级航道里程达到870千米，内河港口生产用码头泊位增加到574个，吞吐能力达到 1.65 亿吨,集装箱达 63.5 万标箱。其中,九江港口吞吐量 12046.8 万吨,比 2015 年增长 15.6%,年均增长 2.9%。民航建成上饶三清山机场,完成南昌昌北国际机场 T1 国际航站楼改造、九江机场复航改造以及赣州、吉安、宜春机场改扩建工程,形成"一干六支"民用运输机场格局。2020 年,全省机场旅客吞吐量 1272.8 万人次,比 2015 年增长 29.2%。其中,昌北机场旅客吞吐量跻身千万级枢纽机场行列。

(2)邮电通信业快速发展。邮电通信业服务种类不断丰富,规模不断扩大。2020 年,全省邮电通信业务总量达 3851.2 亿元,是 2015 年的 6.4 倍,年均增长 45.1%。其中,电信业务总量占比保持在 9 成以上。电子商务的迅速兴起带动快递行业迅猛发展。2020 年,全省快递企业完成业务量 11.2 亿件,是 2015 年的 4.8 倍,年均增长 37.2%。互联网迅猛发展,推动通信能力明显加强。2020 年,全省移动电话用户有 4249.4 万户,比 2015 年增长 39.0%。其中,移动 4G 用户 3300.6 万户,占 77.7%,比 2015 年提高 41.1 个百分点。互联网宽带接入用户数 1510.5 万户,比 2015 年增长 2.4 倍,年均增长 27.9%。

(3)城乡面貌发生新的变化。新型城市化进程稳步推进,2020 年,全省城市数量由 2015 年的 32 个增加到 38 个,常住人口城镇化率由 51.6% 提高到 60.4%,年均提高 1.5 个百分点。城市功能与品质提升三年行动取得明显成效,市容市貌得到有效整治,城市公共服务水平不断提高,居民宜居环境不断改善,到 2019 年,全省城市建成区面积扩大到 1607.8 平方千米,建成区绿化覆盖率提高到 45.6%,人均城市道路面积增加到 19.93 平方米 / 人,人均公园绿地面积增加到 14.53 平方米 / 人。秀美乡村建设扎实开展,农村人居环境整治三年行动目标基本实现,"厕所革命"三年攻坚任务超额完成,到 2020 年,全省 99.6% 的行政村纳入城乡一体化生活垃圾收运处置体系,71 个县实现城乡环卫"全域一体化"第三方治理,65% 的村完成"七改三网"村庄整治建设,94 个涉农县提前完成农村改厕目标任务。2015—2020 年共投入 120 亿元实施新农村建设,筹集 348 亿元推进高标准农田建设,打造出美丽生态文明农村路 6000 千米,实现自然村水泥(沥青)路"村村通""组组通",村容村貌得到明显改善。

四、民生福祉实现大提升

江西省坚持以人民为中心的发展思想，聚焦"两不愁三保障"突出问题，深入推进精准脱贫攻坚战，织密扎牢社会保障网，持续强化各项民生事业，加强和创新社会治理，着力解决好人民群众最关心、最直接、最现实的问题，百姓获得感幸福感安全感不断增强。

（1）城乡居民收入稳步增加。2020 年，全省城镇居民人均可支配收入由 2015 年的 26500 元增加到 38556 元，增长 45.5%，年均增长 7.8%；农村居民人均可支配收入由 11139 元增加到 16981 元，增长 52.4%，年均增长 8.8%；城乡收入比由 2.38 ∶ 1 缩小到 2.27 ∶ 1。

（2）居民生活质量大大改善。2020 年，全省城乡居民恩格尔系数由 2015 年的 32.3%、36.2% 下降到 31.4%、33.6%，分别下降 0.9 和 2.6 个百分点。城镇居民人均消费水平从 16732 元提高到 22134 元，增长 32.3%，年均增长 5.8%；农村居民人均消费水平从 8486 元提高到 13579 元，增长 60.0%，年均增长 9.9%。城镇居民人均住房建筑面积达 50.5 平方米，比 2015 年多 9 平方米；农村居民人均住房建筑面积 64.6 平方米，比 2015 年多 12.8 平方米。每百户居民家庭拥有洗衣机、冰箱、微波炉、空调等耐用消费品为 82.1 台、99.1 台、33.7 台、115.8 台，分别比 2015 年增长 37.5%、11.5%、41.3% 和 63.1%；每百户城镇居民家庭拥有家用汽车 40.9 辆，增长 1.0 倍，每百户农村居民家庭拥有家用汽车 22.5 辆，增长 2.1 倍。

（3）民生保障力度不断加大。2020 年财政用于公共服务教育、社会保障就业、卫生健康、农林水等民生方面的支出达 3643.6 亿元，占一般公共预算支出的 57.0%，比 2015 年提高 10.9 个百分点，五年间累计筹集 8000 亿元实施民生实事工程。"十三五"累计城镇新增就业 265 万人，完成计划目标的 117%，城镇登记失业率控制在 4.5% 目标以内，新增转移农村劳动力保持年均 50 万人以上。城乡居民养老保险和基本医保、困难群众低保、实现全覆盖，2020 年城乡居民参加基本养老保险人数增加到 2078.0 万人，参加基本医疗保险人数增加到 4180.9 万人，城市低保标准由 2015 年的 450 元 / 人·月提高到 705 元 / 人·月，农村低保标准由 240 元 / 人·月提高到 470 元 / 人·月。

（4）脱贫攻坚取得决定性成效。井冈山市在全国率先实现脱贫，2020年全省25个贫困县全部"摘帽"、3058个贫困村全部退出、现行标准下农村贫困人口全面脱贫，88.61万城镇贫困群众有效解困，江西老区区域性整体贫困和群众绝对贫困问题得到根本解决。

五、社会事业实现大进步

社会事业取得长足发展。教育事业生机勃勃，小学学龄儿童入学率由2015年的99.9%上升到101.7%，初中适龄人口入学率由98.3%上升到109.5%，高中阶段教育入学率由87.0%上升到92.5%；普通高等教育在校生由98.5万人增加到124.2万人，增长26.1%。基本公共服务均等化水平提升，公共文化服务基本实现省、市、县、乡、村五级服务网点全覆盖，2020年全省拥有文化馆118个、公共图书馆114个、博物馆170个，分别比2015年增加14个、1个和32个；广播、电视综合人口覆盖率达99.0%、99.5%，分别提高1.5和0.9个百分点。公共卫生体系不断健全，2020年全省共有各类医疗卫生机构9345个，比2015年增长18.9%；卫生技术人员28.6万人，增长35.5%。体育事业蓬勃发展，2020年，全省共有青少年俱乐部138个、国家级体育传统项目学校15所，省级体育传统项目学校237所，全民健身站点1.6万余个；行政村农民体育健身工程覆盖率达87%，城市社区15分钟健身圈覆盖率达90%，人均体育场地面积达到1.88平方米。"十三五"期间，体育健儿获得奥运会金牌1枚、亚运会金牌2枚；在第十三届全运会上获得9枚金牌的历史好成绩；在第二届青运会上获得44枚金牌，创造了江西参加全国综合性运动会的历史最好成绩；在第十四届全国冬运会上实现参赛和金牌"零"的突破。平安江西、法治江西建设扎实推进，社会保持和谐稳定，人民群众安居乐业。改革开放以来的40年，江西科教文卫体等各项社会事业取得长足发展，社会和谐稳定。教育事业成绩显著。2017年全省小学毛入学率103.8%，初中阶段毛入学率107.9%，高中阶段教育毛入学率89.5%，普通高考录取率82.7%，高等教育毛入学率42.0%。普通高等学校由1978年的16所增加到2017年的100所，增长5.3倍；在校大学生由2.2万人猛增到104.8万人，增长47.0倍。

第二节　江西省生态环境保护现状

新中国成立特别是改革开放以来，江西对环境保护的认识不断深化，绿色发展理念不断增强，环境保护事业有序发展，污染治理成效持续显现。特别是党的十八大以后，高位推进生态文明建设，生态环境状况持续改善，推动生态文明建设和生态环境保护从实践到认识发生了历史性、转折性、全局性变化，打造美丽中国"江西样板"建设迈出了坚实步伐。

一、环境保护事业在实践中稳步推进

从无到有，由弱到强，从局部到整体，新中国成立 70 年来，面对逐渐累积显现的环境问题，全社会认识和实践不断深化，江西环境保护事业逐步融入经济社会生活的主战场、大舞台，走出了一条统筹协调生态、环境、经济的可持续发展之路。

从 20 世纪 70 年代正式拉开帷幕到改革开放初期，我国环境保护理念初步形成，及时确立了环境保护的基本国策，颁布《环境保护法》，建立并不断完善生态环境保护政策制度体系，为江西环境保护事业的发展奠定了基础。以此为起点，江西环境保护开始纳入国民经济和社会发展计划，成为经济和社会生活的重要组成部分，并逐步开展了环境科研、环境监测、环境立法工作，综合运用行政、法律、经济和技术的手段管理环境，有力地推动了江西环境保护工作的顺利开展。

随着工业化和城镇化进程的推进，江西环境状况日益严峻。1983 年，针对鄱阳湖流域的突出生态问题，省委、省政府提出把三面环山、一面临江、覆盖全省辖区面积 97% 的鄱阳湖流域视为整体，将山江湖系统开发治理作为振兴江西经济的奠基工程和促进经济社会与生态环境协调发展的治本之策来抓。山江湖工程实施不到 20 年就以其丰硕成果造就了江西的生态环境优势，取得了显著的生态、经济和社会综合效益：先后形成 9 大类型 100 多个试验示范基地和推广点，全省 400 万贫困人口脱贫，水土流失面积从 330 万公顷下降到 130 万公顷，全省城镇植树造林 230 万公顷，基本上消灭了宜林荒山，

泥沙入湖量大大减少，全省水面 2500 万亩，占全国淡水面积的 1/10。江西山江湖工程作为中国大湖流域综合发展的典范，由于遵循自然规律，疏水系、绿山林、美环境、富百姓、保平安，符合经济与环境协调发展的潮流而举世瞩目，成为全球在经济发展过程中保护环境的典范工程。

进入新世纪，江西坚持科学发展观和可持续发展理念，拓宽视野、更新观念，进一步发挥好山江湖工程在推进鄱阳湖流域生态建设和经济社会可持续发展中的作用，提出"既要金山银山，更要绿水青山"的发展思路，确立了"绿色生态江西""生态立省""绿色崛起"等发展方针和战略。2009 年，国务院批复《鄱阳湖生态经济区规划》，开启了探索经济与生态协调发展新模式的重大实践，先后制定出台了《鄱阳湖生态经济区环境保护条例》等一系列生态环境保护法规和规章，建立了"五河"及东江源头生态补偿、森林生态效益补偿等生态补偿机制，大力发展循环经济，强化资源管理，扎实推进节能降耗、污染减排统计监测及考核，全省生态建设、环境治理、资源高效集约利用、绿色产业发展和可持续发展能力建设等方面均取得良好进展。

党的十八大以后，在生态文明建设力度空前的大背景下，江西从绿色发展走向了生态文明建设新时代。省委、省政府按照"五位一体"总布局要求，积极探索经济与生态协调发展、人与自然和谐相处的发展新路子。2014 年，国家六部委批复《江西省生态文明先行示范区建设实施方案》，江西成为首批全境列入生态文明先行示范区建设的省份之一。2016 年 8 月，江西获批成为国家生态文明试验区，承担起了先行先试、探索新路的历史重任。2017 年 6 月，中央深改组第 36 次会议审议通过《国家生态文明试验区（江西）实施方案》，江西站在新的更高起点上，开启了生态文明建设新征程，书写着新时代生态文明建设的新篇章。2021 年 11 月 30 日，《江西省"十四五"生态环境保护规划》（以下简称《规划》）发布。《规划》框架合理、目标明确、内容全面、重点突出，是一个具有非常强指导和引领作用的规划，是江西省"十四五"生态环境保护的纲领性文件，将指导和推动江西省生态环境保护的发展。

《江西省"十四五"生态环境保护规划》统筹考虑了"十四五"总体目标与 2035 年高标准建成美丽中国"江西样板"远景目标，以及碳达峰碳中和目标愿景，充分体现国家战略导向，锚定江西生态环境保护工作在国家生态文明试验区、长江经济带和中部地区的定位和目标，突出以服务高质量跨越式发展为主题，以减污降碳协同增效为总抓手，既着眼谋划长远，提出了一批打基础、利长远的战略目标和举措，又立足干在当下，明确了当期见效的重大政策、重点任务和重大工程。

规划坚持体现特色，以持续改善生态环境质量为核心，立足省情实际，在任务部署上体现江西特色。立足"绿色生态是江西最大财富、最大优势、最大品牌"，完善生态产品价值实现机制，更高标准打造美丽中国"江西样板"。同时，设置了"防治农业农村污染，推进美丽乡村建设"专章，并聚焦工业园区污染防治、城镇生活污水收集处理、农业面源污染治理、矿山开采生态保护修复等江西省重点、难点和百姓关注热点环保问题，注重以点带面解决影响全局、关乎长远的突出问题。

新中国成立以来，江西生态环境保护发展是一个一直受重视、不断积累、不断成熟的过程，生态文明建设已然成为了江西经济社会发展总体战略中的重要内容。

二、环境保护制度建设体系加快形成

环境保护，立法先行。新中国成立以来，江西在认真贯彻国家环境保护法律法规和各项政策、措施的基础上，积极加强环境资源地方立法工作，制定和颁布了一批环境保护条例，出台了一系列促进人与自然和谐发展的法规和政策，建立健全优化国土空间开发、节约资源、保护生态系统的制度体系，依法解决面临的环境资源问题。

1981年，为了合理开发和保护丰富的矿产资源，颁布了江西第一部环境资源保护地方性法规《江西省矿产资源保护暂行办法》。新中国成立以来，江西生态环境保护一路走来，相关法制建设一直没有缺位，先后制定和修订了近200件环境资源保护法规，在各领域中所占比例最高，达三成以上。

江西一系列环境资源保护法规，除了立法频率高，覆盖面也宽，包括大气、水、土地、矿藏、森林、湿地、野生动物、自然遗迹、风景名胜等客体，在环境污染防治、自然资源保护、生态保护领域已基本有法可依。在大气污染防治方面，除了《江西省环境污染防治条例》中设专章进行规定外，还专门针对机动车排气污染制定了《江西省机动车排气污染防治条例》；在水资源保护方面，除了制定有专门的《江西省水资源条例》外，还制定有实施水土保持法办法、赣抚平原灌区管理条例、水利工程条例等；在土地管理方面，制定了实施土地管理办法、征收土地管理办法和国土资源监督检查条例、测绘管理条例；在森林资源保护方面，除制定有《江西省森林条例》外，还制定了森林防火、山林权属争议调解处理、森林资源转让、森林公园、林木种子管理、古树名木保护等林业相关法规；在矿产资源方面，制定了矿产资源开采管理条例、采石取土管理办法、保护性开采的特定矿种管理条例等法规。

十八大以后，针对生态文明建设的各个领域又相继出台了《江西省生态空间保护红线管理办法》《江西省湿地保护工程规划》《城镇生态污水处理及再生利用设施建设规划》《农村生活垃圾专项治理工作方案》《节能减排低碳发展行动工作方案》《江西省党政领导干部生态环境损害责任追究实施细则（试行）》等法规制度。

环境保护法制建设对推动社会全面进步，合理有效利用资源，保护人民群众身心健康，促进人与自然、人与社会和谐相处，保护江西的青山绿水、实现可持续发展，推进生态文明建设，提供了强有力的法制保障，发挥了积极作用。

三、环境保护和治理取得新成绩

江西省坚持绿水青山就是金山银山理念，深入实施"生态立省、绿色发展"战略，深化生态文明体制改革，扎实做好治山理水、显山露水文章，巩固提升绿色生态优势，美丽中国"江西样板"建设取得新成绩。

（1）生态文明建设取得新进展。"十三五期间"，江西省的国家生态文明试验区建设取得重要成果，中央部署的 38 项重点改革任务全部完成，形成 35 项可复制可推广成果。生态环境保护工作责任规定、督察工作实施办法等 6 项制度创新走在全国前列。构建了以"河长制、湖长制、林长制"为主体的全域监管责任体系，率先实现国家森林城市、国家园林城市设区市全覆盖，率先在全国实施全流域生态补偿，率先建立生态文明建设评价指标体系，赣州山水林田湖草生态保护修复试点、九江长江经济带绿色发展示范区、抚州生态产品价值实现机制试点、瑞金入选全国"无废城市"试点、长江和鄱阳湖重点水域禁捕退捕工作扎实推进。全省生态环境状况指数（EI）为优，列全国第四位；国家级"绿水青山就是金山银山"实践创新基地累计达到 5 个，列全国第二位；"国家生态文明建设示范市县"累计达到 16 个，列全国第五位。全省公众生态环境满意度从 2017 年的 83.6% 上升到 2019 年的 89.3%，提高 5.7 个百分点。

（2）基础设施短板加快补齐。"十三五"期间，全省 110 座城镇生活污水处理厂基本完成提标改造，累计建成城镇污水管网 2 万多千米。省级以上开发区均建有集中式污水处理设施，并基本建成了一体化监控平台；累计建成生活垃圾焚烧处理设施 29 座，日处理能力达到 2.6 万吨；全省危险废物和医疗废物年处置能力分别达到 48.5 万吨和 4.7 万吨；建成了由 186 个空气质量自动监测站和 287 个水质自动监测站构成的全省环境质量自动监测网络。

（3）绿色转型升级明显提速。"十三五"期间全省三次产业结构由 2015 年的 10.2 ∶ 49.9 ∶ 39.9 优化为 2020 年的 8.7 ∶ 43.2 ∶ 48.1。2020 年，全省战略性新兴产业、高新技术产业增加值占规模以上工业比重分别达 22.1%、38.2%。强化"三线一单"和规划环评宏观管控，推进化工园区和"散乱污"企业专项整治，每万元生产总值用水量、能耗和二氧化碳排放量较"十二五"末分别下降了 33.54%、18.3% 和 22.25%。绿色发展指数连续四年稳居中部六省首位，生态旅游、休闲康养等绿色产业快速发展，绿色经济含量进一步提升，"生态+"和"+生态"逐渐融入经济发展全过程。

（4）生态环境质量保持全国领先。全省共建自然保护区 191 处，其中，国家级 16 处、省级 39 处、市县级 136 处。自然保护区面积 110.0 万公顷，占全省国土面积的 6.6%。推进森林、湿地等重要生态系统保护提升，打造山水林田湖草综合治理样板区，全省森林覆盖率稳定在 63.1%，保持全国前列。大力推进长江经济带"共抓大保护"攻坚行动，坚决打好污染防控攻坚战，全面开展"五河两岸一湖一江"全流域系统治理，2020 年全省地表水断面水质达标率 94.7%，国家考核断面水质优良率 96.0%，劣Ⅴ类水断面比例为 0，长江干流江西段水质断面全部达到Ⅱ类标准，设区市集中式饮用水水源地水质达标率 100%。深入实施大气污染防治行动计划，2020 年全省空气优良天数比例为 94.7%，同比上升 5.0 个百分点；PM2.5 年均浓度降至 30 微克每立方米，达到国家二级标准，同比下降 14.3%。深入开展农业面源污染治理，基本建成农村生活垃圾收集、转运、处理体系，农村土壤环境质量得到有效改善，2019 年村庄生活垃圾有效治理率 97.6%，提前两年通过国检验收。

（5）节能降耗取得明显成效。"十三五"前四年，单位 GDP 能耗累计下降 17.6%，提前一年完成"十三五"下降 16% 的节能强度目标。主要污染物排放量累计减少等指标均达到国家控制要求。洁净、绿色、环保可再生能源生产能力和消费份额不断增强，清洁能源装机容量达到 1576.5 万千瓦，比 2015 年扩大 1.6 倍；水电、风电、光伏太阳能、生物质电等一次电力占能源消费总量 8.6%，比 2015 年提高 1.2 个百分点。

第三节　江西省绿色发展状况

一、提升经济发展"绿色含量"

长江经济带发展战略确定以来，在不断深化改革开放，走绿色发展和高质量发展之路的过程中，江西省委、省政府逐渐认识到，必须将大力推进绿色发展和生态文明建设作为江西省经济社会发展战略的核心性内容。尤其是党的十八大以来，以成功入选国家生态文明先行区（2014）和国家生态文明试验区（2017）为契机，江西省的绿色发展战略、绿色发展引领的生态文明建设路径渐趋成型。这主要从两个侧面得以体现：一是在不影响现有生态环境的前提下对境域内丰富的自然资源进行开发利用；二是以资源节约环境友好的方式（包括绿色产品、技术与管理）实现对现有工商业经济体系的生态化重构。

二、确立效率、和谐与持续的经济增长目标

景德镇市以御窑博物馆和陶溪川陶瓷文化创业园为核心的国家文化创意

园区、城市国家森林公园，九江市武宁县的"林改第一村"长水村，以及"江中药谷"等，所关涉的都不仅是对自然、历史文化遗产的谨慎开发利用，还注重保护传承这些具有重大生态系统功能与历史文化价值的财富遗产。比如，高达74%的森林覆盖率和差不多全年保持一级的大气质量和一类水的地表水质量，而敢为天下先的林权改革和林下经济发展举措，则使得这一地区成为全国绿色发展和生态文明建设尝试的先驱。

对于这些生态环境禀赋优越的地区来说，保持它们现有的生态环境质量当然很重要，但从绿色发展和生态文明建设的视角而言，更为重要的是，在这些地区正在形成一种符合自然生态系统规律及其要求的经济生产与生活方式。总之，绿色的发展和生态文明绝不等于单纯的保持保护生态或取消人类经济活动，而是真正达到人与自然的和谐共生。

三、实现自然和谐的绿色低碳循环模式

南昌市的江中集团（"江中药谷"）和江铃汽车，景德镇市的"航空小镇"，九江市的"九江石化"，所凸显的不仅是我国现代企业尤其是大规模国企不断提升经济盈利能力和国际竞争力，还体现出它们绿色低碳循环化发展转向。"江中药谷"这样的高科技中医药制造基地，选址在山清水秀的风景名胜区，因而对于厂区范围内的一草一木都十分珍视（其中建设用地只开发了15%左右），2014年曾被评为"中国最美工厂"，而且从产品的生产工艺到包装营销都贯穿着"天人合一"和"道法自然"的人与自然和谐理念。"九江石化"这样传统类型的化工企业，不仅拥有与世界同步的高科技研发和管理水平，而且每年花巨资投入到生产环保改造，以及厂区内及其周边的生态环境保护，努力做到在向国家和地方经济做出巨大贡献的同时，更是注重与周围社区居民和生态环境的和谐共存。比如，企业生产过程中的污染物排放已经实现了社区与环境风险大大降低的合乎国家规定水平（每年排入长江的处理后尾水只有数百万吨，绝大部分实现了体系内循环使用）；江铃汽车和"航空小镇"中的"江直投"（2012年成立）和昌飞公司（1969年成立），由于本身就是行业高科技的代表或前沿，因而都把"智能创造"和"绿色化"作为企业追求与管理的生命。

这些实例所彰显的是，高科技绿色现代化企业不仅已经成为南昌、景德镇和九江等地的重要经济与财政支柱，而且在有力促动着江西各地的工业（经济）生态化转型升级。

多年来，江西各界都习惯的一个谦称就是"中西部的落后地区"，但这个说法只有部分的正确性，即传统工业产业体系不够完备及其 GDP 创造的相对比重较低。然而，绿色发展理念或模式的出现正在重构未来世界的经济体系及其经济效益评价标准，绿色低碳循环水平或程度将会成为最为重要的衡量指标，因而更合理的说法是，现行工业产业体系的绿色化（智能化）发展，与境域内丰富自然资源的生态化经济开发利用一起，为像江西这样的区域提供了实现弯道超车或跨阶段发展的重大历史机遇和现实可能性。

四、打造长江沿线绿色发展明珠

从"小平小道"到后来的改革开放与中国特色社会主义道路的伟大探索，从最初着力于水患和水环境治理，到如今努力打造生态文明建设与美丽中国建设的"两个样板"，江西正在勾勒与开拓出一条既有区域特色又具有全国借鉴价值的绿色发展之路。长江经济带"共抓大保护、不搞大开发"战略倒逼江西省产业转型、绿色发展。摒弃粗放式发展老路，江西省牢固树立绿水青山就是金山银山的理念，对标对表中央要求，聚焦工作重点，努力打造创新"强引擎"，做好产业"加减法"，让新动能尽快成长为"主力军"，不断提升经济发展"绿色含量"，积极探索生态效益与经济效益双赢的新路，把江西打造成长江沿线绿色发展的明珠。

"共抓大保护"是打造美丽中国"江西样板"的重要内容，是实现高质量发展的必由之路。在全流域的长江生态环境保护理念指导下，江西省不断加强沿江沿湖产业布局管控，调整优化产业规划布局。对部分设区市和县（市、区）主导产业、首位产业进行了调整，石油化工、铜冶炼、钢铁等传统产业被新材料、新能源、装备制造等新兴产业取代。拥有 152 千米长江岸线的九江市，正在创建长江经济带九江绿色发展示范区，加快构建以新兴产业为重点、生态农业为基础、现代服务业为支撑的绿色产业体系，全力打造"百里风光带、万亿产业带"。

唱响绿色品牌，厚植绿色发展优势。江西作为全国首批生态文明试验区，将生态优先、绿色发展理念不断融入产业升级，激活创新"强引擎"。江西省以重大项目、平台载体、人才团队建设为支撑，深入实施创新驱动"5511"工程倍增计划及重点创新升级产业化工程，加快推动创新型省份建设步伐，江西省科技创新综合实力显著提升。2017 年，江西省国家级研发平台达到12 个，国家级高新区数量达到 7 个，新增国家级科技企业孵化器 13 个、高新技术产业化基地 11 个、众创空间 43 个。

做好产业"加减法"，把资源优势转变成经济优势。江西省通过实施战略性新兴产业倍增、传统产业转型升级和新经济新动能培育三大工程，做强做优航空、新能源新材料、电子信息等新兴产业，大力培育大数据云计算、窄带物联网、智能制造等新业态、新模式。2017 年，江西省智能制造万千百十工程累计推广应用智能装备 6625 台（套），建设 481 个数字化车间，打造了一批国家级、省级智能制造试点示范项目。

与此同时，江西省将"生态+"理念融入产业发展全过程，大力发展大健康、全域旅游、现代农业等绿色产业，做大做强中医药产业，培育绿色金融、文化创意等现代服务业，不断提升经济发展"绿色含量"。

五、实现全域绿色发展水平总体提升

中国绿色 GDP 绩效评估报告。2017 年，由华中科技大学国家治理研究院院长欧阳康领衔的"绿色 GDP 绩效评估课题组"与中国社会科学出版社、《中国社会科学》杂志社联合发布了《中国绿色 GDP 绩效评估报告（2017 年全国卷）》（简称《报告》）。《报告》指出，部分省（自治区、直辖市）的绿色发展绩效指数、绿色 GDP、人均绿色 GDP 三项指标，均开始超越该省（自治区、直辖市）的 GDP、人均 GDP 传统评价指标，相比 2014 年，2015年 31 个省（自治区、直辖市）绿色 GDP 增幅超越 GDP 增幅的平均值为 2.62%，人均绿色 GDP 增幅超越 GDP 增幅的平均值为 2.31%，这意味着绝大部分省份已开始从根本上转变经济发展方式。

该《报告》是由高校智库公开发布的首个全国性绿色 GDP 绩效评估报告，《报告》对中国 31 个省（自治区、直辖市）的绿色 GDP（国内生产总值）

绩效进行了排名。该报告显示，江西省的绿色发展绩效指数、绿色 GDP、人均绿色 GDP 均处于全国中等水平。根据 2018 年发布的《中国绿色 GDP 绩效评估报告（2018 年全国卷）》中的"2016 年全国内陆 31 个省市自治区绿色发展五项指标排名一览"整理出长江经济带 11 个省市的排名情况如表 2-1 所示，江西省在 2016 年长江经济带 11 个省市绿色发展五项指标排名中绿色发展绩效指数据第 7 位，处于中等偏下位置。在长江中游四省仅次于湖北居第二位，优于安徽和湖南。人均绿色 GDP、绿色 GDP、人均 GDP、GDP 排名在长江经济带 11 个省市排名均为第 8 名，较靠后，在长江中游中垫底。

表 2-1 　　　　2016 年长江经济带 11 个省市绿色发展五项指标排名

（按绿色发展绩效指数先后顺序）

地区	绿色发展绩效指数	人均绿色 GDP	绿色 GDP	人均 GDP	GDP
上海	1	1	6	1	6
浙江	2	3	2	3	2
重庆	3	4	9	4	9
江苏	4	2	1	2	1
湖北	5	5	3	5	4
四川	6	9	4	9	3
江西	7	8	8	8	8
安徽	8	7	7	7	7
贵州	9	10	11	10	11
湖南	10	6	5	6	5
云南	11	11	10	11	10

（1）生态文明建设年度评价。2017 年 12 月 26 日，国家发展改革委、国家统计局、环境保护部、中央组织部联合公布了按照《绿色发展指标体系》《生态文明建设考核目标体系》要求，对 2016 年各省、自治区、直辖市生态文明建设的年度评价结果。如表 2-2 所示，绿色发展指标体系包括资源利用、环境治理、环境质量、生态保护、增长质量、绿色生活、公众满意程度等 7 个方面，其中，前 6 个方面的 55 项评价指标纳入绿色发展指数的计算；公众满意程度调查结果进行单独评价与分析。

江西省绿色发展指数在 31 个省市中排名居第 15 位，处于中等偏上水平。

在资源利用、环境治理、环境质量、生态保护、增长质量、绿色生活和公众满意程度 7 项指标中，评价结果及排名依次是：资源利用（82.95，20）、环境治理（74.51，24）、环境质量（88.09，11）、生态保护（74.61，6）、增长质量（72.93，15）、绿色生活（72.43，14）、公众满意程度（81.96，13），如表 2-2 和表 2-3 所示。

表 2-2　　　　2016 年全国 31 个省（市、区）生态文明建设年度评价结果

地区	绿色发展指数	绿色发展指标体系分项						公众满意程度（％）
		资源利用指数	环境治理指数	环境质量指数	生态保护指数	增长质量指数	绿色生活指数	
北京	83.71	82.92	98.36	78.75	70.86	93.91	83.15	67.82
天津	76.54	84.4	83.1	67.13	64.81	81.96	75.02	70.58
河北	78.69	83.34	87.49	77.31	72.48	70.45	70.28	62.5
山西	76.78	78.87	80.55	77.51	70.66	71.18	78.34	73.16
内蒙古	77.9	79.99	78.79	84.6	72.35	70.87	72.52	77.53
辽宁	76.58	76.69	81.11	85.01	71.46	68.37	67.79	70.96
吉林	79.6	86.13	76.1	85.05	73.44	71.2	73.05	79.03
黑龙江	78.2	81.3	74.43	86.51	73.21	72.04	72.79	74.25
上海	81.83	84.98	86.87	81.28	66.22	93.2	80.52	76.51
江苏	80.41	86.89	81.64	84.04	62.84	82.1	79.71	80.31
浙江	82.61	85.87	84.84	87.23	72.19	82.33	77.48	83.78
安徽	79.02	83.19	81.13	84.25	70.46	76.03	69.29	78.09
福建	83.58	90.32	80.12	92.84	74.78	74.55	73.65	87.14
江西	79.28	82.95	74.51	88.09	74.61	72.93	72.43	81.96
山东	79.11	82.66	84.36	82.35	68.23	75.68	74.47	81.14
河南	78.1	83.87	80.83	79.6	69.34	72.18	73.22	74.17
湖北	80.71	86.07	82.28	86.86	71.97	73.48	70.73	78.22
湖南	80.48	83.7	80.84	88.27	73.33	77.38	69.1	85.91
广东	79.57	84.72	77.38	86.38	67.23	79.38	75.19	75.44
广西	79.58	85.25	73.73	91.9	72.94	68.31	69.36	81.79
海南	80.85	84.07	76.94	94.95	72.45	72.24	71.71	87.16
重庆	81.67	84.49	79.95	89.31	77.68	78.49	70.05	86.25
四川	79.4	84.4	75.87	86.25	75.48	72.97	68.92	85.62
贵州	79.15	80.64	77.1	90.96	74.57	71.67	69.05	87.82

地区	绿色发展指数	绿色发展指标体系分项						公众满意程度（%）
		资源利用指数	环境治理指数	环境质量指数	生态保护指数	增长质量指数	绿色生活指数	
云南	80.28	85.32	74.43	91.64	75.79	70.45	68.74	81.81
西藏	75.36	75.43	62.91	94.39	75.22	70.08	63.16	88.14
陕西	77.94	82.84	78.69	82.41	69.95	74.41	69.5	79.18
甘肃	79.22	85.74	75.38	90.27	68.83	70.65	69.29	82.18
青海	76.9	82.32	67.9	91.42	70.65	68.23	65.18	85.92
宁夏	76	83.37	74.09	79.48	66.13	70.91	71.43	82.61
新疆	75.2	80.27	68.85	80.34	73.27	67.71	70.63	81.99

表2-3　　　　　　2016年全国31个省（市、区）生态文明建设年度评价结果排序

地区	绿色发展指数	绿色发展指标体系分项						公众满意程度（%）
		资源利用指数	环境治理指数	环境质量指数	生态保护指数	增长质量指数	绿色生活指数	
北京	1	21	1	28	19	1	1	30
福建	2	1	14	3	5	11	9	4
浙江	3	5	4	12	16	3	5	9
上海	4	9	3	24	28	2	2	23
重庆	5	11	15	9	1	7	20	5
海南	6	14	20	1	14	16	15	3
湖北	7	4	7	13	17	13	17	20
湖南	8	16	11	10	9	8	25	7
江苏	9	2	8	21	31	4	3	17
云南	10	7	25	5	2	25	28	14
吉林	11	3	21	17	8	20	11	19
广西	12	8	28	4	12	29	22	15
广东	13	10	18	15	27	6	6	24
四川	14	12	22	16	3	14	27	8
江西	15	20	24	11	6	15	14	13
甘肃	16	6	23	8	25	24	23	11
贵州	17	26	19	7	7	19	26	2
山东	18	23	5	23	26	10	8	16
安徽	19	19	9	20	22	9	23	21

地区	绿色发展指数	绿色发展指标体系分项						公众满意程度（％）
		资源利用指数	环境治理指数	环境质量指数	生态保护指数	增长质量指数	绿色生活指数	
河北	20	18	2	30	13	25	19	31
黑龙江	21	25	25	14	11	18	12	25
河南	22	15	12	26	24	17	10	26
陕西	23	22	17	22	23	12	21	18
内蒙古	24	28	16	19	15	23	13	22
青海	25	24	30	6	21	30	30	6
山西	26	29	13	29	20	21	4	27
辽宁	27	30	10	18	18	28	29	28
天津	28	12	6	31	30	5	7	29
宁夏	29	17	27	27	29	22	16	10
西藏	30	31	31	2	4	27	31	1
新疆	31	27	29	25	10	31	18	12

（2）中国绿色发展指数报告——区域比较。根据 2019 年由关成华、韩晶著的《2017/2018 中国绿色发展指数报告——区域比较》一书中，作者在 2017 年和 2018 年对 2015 年和 2016 年中国省际绿色发展指数进行的测算，江西省在绿色发展方面处于全国较为落后水平。如表 2-4 和表 2-5 所示，绿色发展指数指标体系由经济增长绿化度、资源环境承受潜力和政府政策支持度一级指标组成。

表 2-4　　　　2017 中国 30 个省（自治区、直辖市）绿色发展指数及排名[①]

地区	绿色发展指数		一级指标					
			经济增长绿化度		资源环境承受潜力		政府政策支持度	
	指数值	排名	指数值	排名	指数值	排名	指数值	排名
北京	0.541	1	0.204	1	0.133	8	0.204	1
上海	0.444	2	0.166	2	0.103	19	0.176	5
内蒙古	0.423	3	0.089	9	0.158	2	0.176	6
浙江	0.414	4	0.116	5	0.113	15	0.185	2

---

① 关成华，韩晶著.2017/2018 中国绿色发展指数报告——区域比较 [M]. 经济日报出版社，2019（3）：7-8。

续表

地区	绿色发展指数		一级指标					
			经济增长绿化度		资源环境承受潜力		政府政策支持度	
	指数值	排名	指数值	排名	指数值	排名	指数值	排名
江苏	0.396	5	0.13	4	0.086	25	0.18	4
福建	0.393	6	0.107	6	0.125	11	0.161	9
海南	0.378	7	0.083	13	0.138	6	0.157	13
广东	0.375	8	0.104	7	0.106	17	0.165	8
天津	0.375	9	0.154	3	0.085	26	0.136	20
山东	0.366	10	0.102	8	0.079	29	0.184	3
广西	0.353	11	0.063	27	0.14	5	0.149	14
云南	0.35	12	0.075	19	0.145	3	0.13	21
黑龙江	0.348	13	0.064	26	0.161	1	0.123	27
安徽	0.337	14	0.077	17	0.099	21	0.161	10
河北	0.335	15	0.079	16	0.084	27	0.172	7
陕西	0.334	16	0.088	10	0.118	13	0.128	23
重庆	0.333	17	0.082	14	0.103	18	0.148	16
贵州	0.332	18	0.068	23	0.137	7	0.127	24
辽宁	0.327	19	0.086	11	0.093	22	0.147	17
湖北	0.325	20	0.085	12	0.102	20	0.138	19
四川	0.322	21	0.068	25	0.131	10	0.123	26
吉林	0.32	22	0.082	15	0.119	12	0.119	28
江西	0.318	23	0.062	28	0.116	14	0.141	18
湖南	0.317	24	0.077	18	0.113	16	0.127	25
宁夏	0.315	25	0.068	24	0.089	24	0.158	12
山西	0.308	26	0.071	22	0.089	23	0.148	15
新疆	0.302	27	0.071	21	0.073	30	0.159	11
青海	0.286	28	0.054	29	0.142	4	0.09	30
河南	0.284	29	0.074	20	0.081	28	0.129	22
甘肃	0.281	30	0.045	30	0.131	9	0.106	29

2018 年测算的江西省绿色发展指数值为 0.312，比 2017 年测算的该值减少了 0.006，排名上升了一位，居第 22 位。

表2-5　　　　　　　　　　2018 中国 30 个省（区、市）绿色发展指数及排名 [①]

地区	绿色发展指数		一级指标					
			经济增长绿化度		资源环境承受潜力		政府政策支持度	
	指数值	排名	指数值	排名	指数值	排名	指数值	排名
北京	0.57	1	0.219	1	0.143	4	0.209	1
上海	0.423	2	0.151	3	0.099	20	0.174	5
内蒙古	0.42	3	0.085	11	0.165	1	0.17	8
浙江	0.402	4	0.113	5	0.109	16	0.18	3
福建	0.389	5	0.105	6	0.127	11	0.158	10
江苏	0.379	6	0.124	4	0.078	27	0.177	4
广东	0.377	7	0.103	8	0.105	17	0.17	7
山东	0.376	8	0.103	7	0.077	28	0.197	2
天津	0.373	9	0.155	2	0.088	25	0.13	22
海南	0.363	10	0.086	10	0.129	8	0.149	12
广西	0.343	11	0.063	21	0.138	5	0.142	16
陕西	0.339	12	0.096	9	0.123	12	0.12	25
安徽	0.335	13	0.076	18	0.096	22	0.163	9
黑龙江	0.332	14	0.062	22	0.156	2	0.115	27
河北	0.328	15	0.082	14	0.077	29	0.17	6
重庆	0.326	16	0.079	15	0.101	19	0.146	14
吉林	0.322	17	0.084	12	0.128	10	0.111	28
湖北	0.321	18	0.083	13	0.104	18	0.133	18
云南	0.317	19	0.057	25	0.128	9	0.132	20
四川	0.315	20	0.066	20	0.13	7	0.119	26
湖南	0.313	21	0.078	16	0.114	15	0.121	24
江西	0.312	22	0.057	27	0.114	14	0.141	17
贵州	0.306	23	0.06	23	0.119	13	0.126	23
辽宁	0.301	24	0.072	19	0.097	21	0.132	19
宁夏	0.298	25	0.057	26	0.089	23	0.153	11
河南	0.296	26	0.077	17	0.088	24	0.131	21
青海	0.293	27	0.047	29	0.147	3	0.098	30

---

　　① 关成华，韩晶著 .2017/2018 中国绿色发展指数报告——区域比较 [M]. 经济日报出版社，2019（3）：8-9。

续表

地区	绿色发展指数		一级指标					
			经济增长绿化度		资源环境承受潜力		政府政策支持度	
	指数值	排名	指数值	排名	指数值	排名	指数值	排名
甘肃	0.282	28	0.044	30	0.132	6	0.105	29
山西	0.281	29	0.055	28	0.082	26	0.144	15
新疆	0.279	30	0.06	24	0.072	30	0.147	13

表2-3和表2-4显示，江西省的资源环境承受潜力指标值和排名较靠前，经济增长绿化度方面居后较多。图2-1和图2-2更直观地显示出江西省绿色发展在全国的地位和水平。2015年和2017年江西省绿色发展指数排名较靠后，亟待提升。

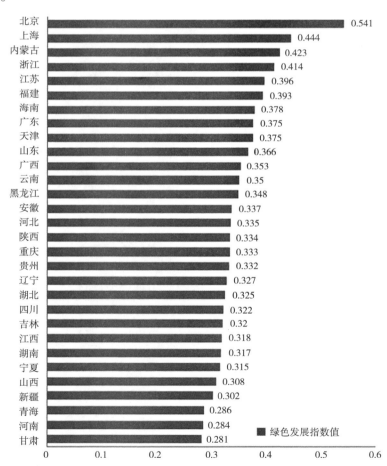

图2-1 2015年中国30个省（区、市）绿色发展指数及排名

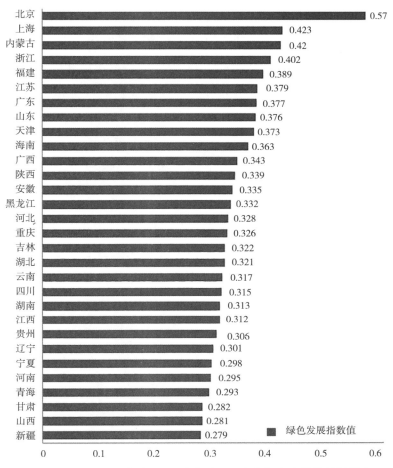

图 2-2 2017 年中国 30 个省（区、市）绿色发展指数及排名

（3）《长江经济带绿色发展报告（2017）》。2018 年，湖南省社会科学院与社会科学文献出版社共同发布了《长江经济带绿色发展报告（2017）》（以下简称《报告》），《报告》对长江经济带 11 个省（市）的绿色发展水平进行了排名，其中上海处于榜首，江西暂居末位。具体排名如下：上海、浙江、江苏、重庆、贵州、湖北、四川、云南、湖南、安徽、江西。

该份《报告》是国内推出的关于长江经济带绿色发展整体性研究的首部专著，突出了绿色发展的指标体系构建、多层次评价、重点领域分析三大方面。

指标体系构建方面，《报告》按照"反映广义范畴的绿色发展、体现长江经济带区域特征、考虑区域发展的不均衡性、注重指标的稳定性及可操作性"等原则，构建了长江经济带绿色发展评价指标体系。

多层次评价方面，《报告》首次从流域、区域、省（市）域三个层次对长江经济带绿色发展进行了评价分析。《报告》显示，从 2011—2015 年，长江经济带绿色发展水平稳步提升，其中表征生态绿色化的绿色承载力指数上升趋势最为平稳，说明长江经济带生态环境质量有明显改善。

在绿色发展总体水平上，东部区域居首位，西部区域居第二位，中部区域暂居第三位；长江经济带 11 省市绿色发展水平上，上海位列第一梯队，浙江、江苏和重庆位列第二梯队，四川、贵州、湖北、云南、湖南、安徽和江西等省份位于第三梯队。

（4）《江西绿色发展指数绿皮书（2019）》。江西财经大学生态文明研究院在南昌发布了《江西绿色发展指数绿皮书（2019）》，绿皮书测算结果显示：中部六省绿色发展指数，江西连续四年排名第一。《江西绿色发展指数绿皮书（2019）》对中部六省、江西 11 个设区市和 21 个城市，从省域、市域和城市三个尺度，对绿色发展指数进行了测度，涉及绿色环境、绿色生产、绿色生活、绿色政策 4 个一级指标和资源禀赋、生态保护、环境压力、增长质量、资源节约、循环利用、绿色居住、绿色出行、绿色消费、绿色投资、环境治理 11 个二级指标以及 39 个三级指标。

在中部六省排名中，江西省连续排名首位，突出表现为遥遥领先的绿色环境指数、绿色生活指数和绿色政策指数。江西省 11 个设区市绿色发展指数，抚州市、吉安市常年排名靠前。五年（2013—2017）平均值排名依次为吉安、抚州、鹰潭、上饶、赣州、南昌、九江、宜春、景德镇、新余、萍乡。抚州市、吉安市绿色发展水平突出，主要因为绿色生产、绿色生活水平较高；而绿色发展水平较低地区主要是在绿色环境、绿色生活、绿色生产方面表现较差。

（5）江西绿色创新技术水平。绿色发展有赖于绿色技术创新，绿色技术创新即指有利于降低生产生活性环境负向影响的技术创新成果。增强绿色技术创新能力是提升资源利用效率、增强区域发展韧性、推动经济高质量发展的重要途径。

绿色技术创新是绿色发展核心驱动力量，兼具经济效益、社会效益与生态效益，对实现依托绿色发展的高质量发展具有重要推动作用。绿色技术创新的效率决定了绿色发展的速度和效果。黄磊、吴传清（2020 年）利用技

术创新投入、技术创新产出、环境非期望产出三类衡量绿色技术创新效率的
指标，对 2017 年全国 254 个地级及以上城市，其中长江经济带 11 省市共计
110 个城市，上游地区包括云贵川渝四省市 33 个城市，中游地区包括鄂湘赣
三省份 36 个城市，下游地区包括苏浙沪皖四省市 41 个城市，进行其绿色技
术创新效率测度并进行排名。结果显示，长江经济带城市绿色技术创新效率
平均值为 0.299，高于长江经济带以外地区城市 2.72 个百分点，略高于全国
平均水平 1.52 个百分点，整体领先全国水平。但上中下游地区差异显著，呈
右偏 "V" 形空间格局，上游地区绿色技术创新能力较强，中游地区滞后，
下游地区最强。江西省属于中游地区，城市绿色技术创新效率优势不明显。
如图 2-3 和图 2-4 所示，长江经济带 11 省市中，江西省城市绿色技术创新
效率平均值及排名均摆尾，位列最末。

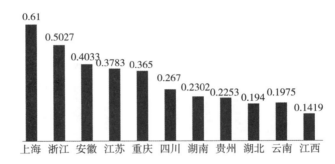

图 2-3　2017 年长江经济带 11 省市城市绿色技术创新平均效率值

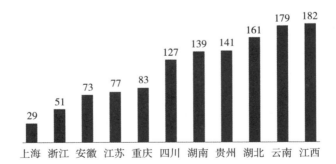

图 2-4　2017 年长江经济带 11 省市城市绿色技术创新平均效率值

　　江西省城市绿色技术创新效率普遍偏低，平均值为 0.1419，不仅低于长
江经济带平均水平，也低于全国平均水平。并且省内城市之间差异非常明显
的，如图 2-5 和图 2-6 所示，南昌一枝独秀，高于全国和长江经济带的平均

水平，其他城市均与南昌差距很大，普遍偏低，除了南昌在全国 100 名以内，其他城市均在 100 名以后。反映出江西省绿色发展源动力不足且效率不平衡问题严重，亟待积极采取措施改变落后的局面。

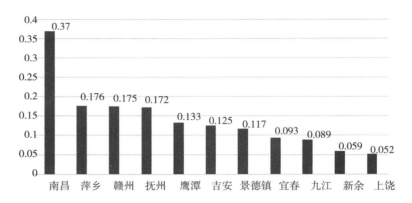

图 2-5 2017 年江西省城市绿色技术创新平均效率值

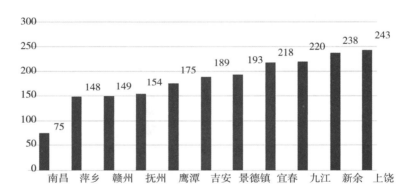

图 2-6 2017 年江西省城市绿色技术创新平均效率值

从上述几个关于绿色发展的区域评价报告和文献中可以看出，江西省在绿色发展方面既有优势也存在短板，虽基础较好，但在潜力方面有待于提升巩固。

第三章　江西省绿色发展生态环境约束

第一节　主体功能区划空间管控

《江西省主体功能区规划》是推进形成主体功能区的基本依据、科学开发国土空间的行动纲领和远景蓝图。本规划在各类空间规划中居总控性地位，是江西省国土空间开发的战略性、基础性和约束性规划，是编制各级各类规划、优化空间布局、落实建设项目的基本依据，是各级政府履行经济调节、社会管理和公共服务职能的重要手段。各地区、各部门必须切实组织实施，健全政策法规，加强监测评估，建立奖惩机制，严格贯彻执行。本规划以 2010 年为基期，推进实现主体功能区主要目标的时间是 2020 年。

一、区划方案

经综合评价，将江西省国土空间划分为重点开发区域、限制开发区域和禁止开发区域三类主体功能区（如表 3–1 所示）。重点开发区域包括 35 个县（市、区），国土面积 34043 平方千米，占江西省的 20.40％，含列入国家重点开发区域的鄱阳湖生态经济区的 18 个县（市、区）。限制开发区域包括 65 个县（市、区），国土面积 132857 平方千米，占江西省的 79.60％，含列入国家限制开发区域的南岭山地丘陵森林生态及生物多样性功能区的 9 个县（市）。

表 3-1 江西省主体功能区划分结果

级别	主体功能类型	县市数（个）	面积		人口（2010 年）	
			平方千米	%	万人	%
国家级	重点开发区域	18	15715	9.42	882.66	19.78
	重点生态功能区	9	15539	9.31	227.25	5.09
	农产品主产区	33	72868	43.66	1820.16	40.79
	禁止开发区域	主要是点状形态，不列入统计				
省级	重点开发区域	17	18328	10.98	843.36	18.90
	重点生态功能区	23	44450	26.63	688.82	15.44
	禁止开发区域	主要是点状形态，不列入统计				

二、主体功能区分类

根据推进形成主体功能区的指导思想及开发理念，可将国土空间分为以下主体功能区：按开发方式，分为优化开发区域、重点开发区域、限制开发区域和禁止开发区域；按开发内容，分为城市化地区、农产品主产区和重点生态功能区；按层级，分为国家和省级两个层面（如图 3-1 所示）。

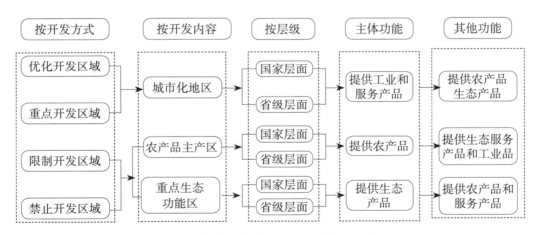

图 3-1 主体功能区划分类别和方式

优化开发区域、重点开发区域、限制开发区域和禁止开发区域，是基于不同区域的资源环境承载能力、现有开发强度和未来发展潜力，以是否适宜或如何进行大规模高强度工业化城镇化开发为基准划分的。

优化开发区域是经济比较发达、人口比较密集、开发强度较高、资源环境问题更加突出，从而应该优化进行工业化城镇化开发的城市化地区。

重点开发区域是有一定经济基础、资源环境承载能力较强、发展潜力较大、集聚人口和经济的条件较好，从而应该重点进行工业化城镇化开发的城市化地区。优化开发和重点开发区域都属于城市化地区，开发内容总体上相同，开发强度和开发方式不同。

限制开发区域分为两类，一类是农产品主产区，即耕地面积较多、农业发展条件较好，尽管也适宜工业化城镇化开发，但从保障国家农产品安全以及中华民族永续发展的需要出发，必须把增加农业综合生产能力作为发展的首要任务，从而应该限制进行大规模高强度工业化城镇化开发的地区；一类是重点生态功能区，即生态系统脆弱或生态功能重要，资源环境承载能力较低，不具备大规模高强度工业化城镇化开发的条件，必须把增强生态产品生产能力作为首要任务，从而应该限制进行大规模高强度工业化城镇化开发的地区。

禁止开发区域是依法设立的各级各类自然文化资源保护区域，以及其他禁止进行工业化城镇化开发、需要特殊保护的重点生态功能区。国家层面禁止开发区域，包括国家级自然保护区、世界文化自然遗产、国家级风景名胜区、国家森林公园和国家地质公园、国家蓄滞洪区等。省级层面的禁止开发区域，包括省级及以下各级各类自然文化资源保护区域、重要水源地以及其他省级人民政府根据需要确定的禁止开发区域。

城市化地区、农产品主产区和重点生态功能区是以提供主体产品的类型为基准划分的。城市化地区是以提供工业品和服务产品为主体功能的地区，首要任务是增强综合经济实力，同时要保护好耕地和生态，也提供农产品和生态产品；农产品主产区是以提供农产品为主体功能的地区，首要任务是增强农业综合生产能力，同时保护好生态、适度发展非农产业，也提供生态产品、服务产品和部分工业品；重点生态功能区是以提供生态产品为主体功能的地区，首要任务是增强提供生态产品能力，同时可适度发展不影响主体功能的适宜产业，也提供一定的农产品、服务产品和部分工业品。

各类主体功能区在经济社会发展中具有同等重要的地位，只是主体功能不同，开发方式不同，保护内容不同，发展首要任务不同，国家支持重点不同。

对城市化地区主要支持其集聚人口和经济，对农产品主产区主要支持其增强农业综合生产能力，对重点生态功能区主要支持其保护和修复生态环境（详见表3–2）。

表 3–2 　　　　　　　　　　江西省主体功能区类型分布

功能区分类	范　围
重点开发区域	国家级重点开发区域：南昌市的东湖区、西湖区、青云谱区、青山湖区、南昌县、新建区，景德镇市的昌江区、珠山区、乐平市，九江市的濂溪区、浔阳区、共青城市、九江县、湖口县，新余市的渝水区，鹰潭市的月湖区、贵溪市，抚州市的临川区 省级重点开发区域：上饶市的信州区、上饶县、广丰区，萍乡市的安源区、湘东区、宜春市的袁州区、吉安市的吉州区、青原区、吉安县，赣州市的章贡区、赣县、南康区，宜春市的丰城市、高安市、樟树市，九江市的瑞昌市、彭泽县（县城和部分乡镇）
限制开发区域（农产品主产区）	国家级农产品主产区：南昌市的进贤县，九江市的永修县、都昌县、德安县，鹰潭市的余江县，吉安市的吉水县、峡江县、新干县、永丰县、泰和县，上饶市的余干县、鄱阳县、万年县、弋阳县、玉山县、铅山县，抚州市的东乡区、南城县、崇仁县、乐安县、金溪县，宜春市的宜丰县、奉新县、万载县、上高县，赣州市的宁都县、信丰县、于都县、兴国县、会昌县、瑞金市，萍乡市的上栗县，新余市的分宜县
限制开发区域（重点生态功能区）	国家级重点生态功能区：赣州市的大余县、上犹县、崇义县、安远县、龙南县、定南县、全南县、寻乌县，吉安市的井冈山市 省级重点生态功能区：南昌市的湾里区、安义县，景德镇市的浮梁县，九江市的修水县、武宁县、庐山市，吉安市的遂川县、万安县、安福县、永新县，上饶市的德兴市、婺源县、横峰县，抚州市的南丰县、黎川县、宜黄县、资溪县、广昌县，宜春市的靖安县、铜鼓县，赣州市的石城县，萍乡市的芦溪县、莲花县
禁止开发区域	各级自然保护区、风景名胜区、森林公园、地质公园、世界遗产、湿地公园、国际及国家重要湿地等区域

三、重点开发区域

重点开发区域的功能定位是：推动江西省经济持续增长的重要增长极，落实区域发展总体战略、促进区域协调发展的重要支撑点，扩大对外开放的重要门户，江西省重要的人口和经济集聚区，承接产业转移的重点区域，先进制造业和现代服务业基地。

发展方向和开发原则：重点开发区域应在优化结构、提高效益、降低消耗、保护环境的基础上推动经济可持续发展；推进新型工业化进程，提高自主创新能力，聚集创新要素，增强产业集聚能力，形成分工协作的现代产业体系；加快推进城镇化，壮大城市综合实力，改善人居环境，提高集聚人口的能力。发挥区位优势，创新体制机制，全面对接融合，加强区域物流中心建设，形成江西省对外开放新的窗口。发展方向和开发原则是：统筹规划国土空间。适度扩大先进制造业空间，有效增加服务业、交通和城市居住等建设空间，减少农村生活空间，扩大绿色生态空间。

健全城镇规模结构：增强中心城市的要素集聚、科技创新、文化引领和综合服务功能，加快以南昌市辖区为中心，以九江市辖区、赣州市辖区为副中心，以上饶、景德镇、萍乡、新余、鹰潭、宜春、吉安、抚州市辖区为区域性中心的城市建设，发展壮大其他城市，推动形成分工协作、优势互补、集约高效的城镇群。促进人口快速集聚，完善城镇基础设施和公共服务，进一步提高城镇的人口承载能力，城镇规划和建设应预留吸纳外来人口的空间，实现人口较大规模增长。

形成现代产业体系：大力发展新兴产业，推广循环、低碳发展模式，运用高新技术改造传统产业，加快发展服务业，增强产业配套能力，促进产业集群发展。积极开发并有效保护能源和矿产资源，将资源优势转化为经济优势。增强农业发展能力，加强优质粮食基地建设，提高粮食生产能力。

提高发展质量：确保发展质量和效益，工业园区和开发区的规划建设应遵循循环经济和低碳经济的理念，大力提高清洁生产水平，减少主要污染物排放，降低资源消耗和二氧化碳排放强度。完善基础设施，统筹规划建设交通、能源、水利、通信、环保、防灾等基础设施，构建完善、高效、区域一体、城乡统筹的基础设施网络。

保护生态环境：事先做好生态环境、基本农田、林地等的保护规划，减少工业化城镇化对生态环境的影响，避免出现土地过多占用、水资源过度开发和生态环境压力过大等问题，努力提高环境质量。

把握开发时序：区分近期、中期和远期实施有序开发，近期重点建设好国家批准的各类开发区，对目前尚不需要开发的区域，应作为预留发展空间予以保护。

分区开发指引。重点开发区域主要位于江西省"一群两带三区"的城市化战略格局内，根据城市区位特点、总体实力和经济地理联系，以交通干线为轴带，壮大一批经济紧密度高、辐射带动能力强的区域经济板块。（详见表 3-3）

表 3-3　　　　　　　　　　　重点开发区域分片基本情况

区域	面积及占江西省比重（平方千米、%）		总人口及占江西省比重（万人、%）		GDP 及占江西省比重（亿元、%）		开发强度（%）
鄱阳湖生态经济区（国家级）	15715	9.42	882.66	19.78	4028.18	42.62	11.04
赣东北片区	3955	2.37	198.19	4.44	355.44	3.76	7.23
赣西片区	3605	2.16	181.41	4.07	438.83	4.64	8.45
赣中南片区	3451	2.07	96.94	2.17	182.30	1.93	5.99
赣南片区	5412	3.24	196.65	4.41	373.62	3.95	6.15
其他	农产品主产区和省级重点生态功能区城关镇及重点开发的小城镇						
总计	34043	20.40	1726.02	38.68	5682.87	60.13	9.03

鄱阳湖生态经济区：该区域包括鄱阳湖生态经济区范围内的 18 个县（市、区），是国家层面的重点开发区域。该区域的功能定位是：全国大湖流域综合开发示范区，长江中下游水生态安全保障区，加快中部崛起重要带动区，国际生态经济合作重要平台，区域性的优质农产品、生态旅游、光电、新能源、生物、航空和铜产业基地。

构建以鄱阳湖为"绿心"，以省会城市南昌为核心，以九江、景德镇、鹰潭、新余和抚州等中心城市为重点支撑，以环鄱阳湖交通走廊为通道的环状空间开发格局。

南昌：以大投入推动大建设，以大开放促进大发展，加快产业发展，建设现代都市，创新体制机制，提升南昌发展的聚集力、辐射力和创造力，把南昌打造成为全国重要的先进制造业基地、全国重要的综合交通枢纽、全国重要的商贸物流中心、全国重要的宜居都市，成为带动江西省发展的核心增长极。

九江：充分发挥沿江独特优势，以强化基础设施建设为先导，以优化产业布局和推进产业集聚为核心，以岸线利用和港口建设为重点，创新体制机制，扩大开放合作，加强生态建设，促进沿江大开放、大开发、大发展，将九江沿江地区打造成鄱阳湖生态经济区建设新引擎、中部地区先进制造业基地、长江中游航运枢纽和国际化门户、江西省区域合作创新示范区。

景德镇：建设世界瓷都、中国直升机研发生产基地、国家重要的高新技术产业基地和文化生态旅游城市，打造赣东北中心城市。

鹰潭：加快融入南昌一小时经济圈，建设绿色世界铜都、中国丹霞·道教文化旅游城市、全国区域性物流节点城市。

新余：建设国家新能源科技城，加快融入南昌一小时经济圈，建设国家光伏产业基地、金属材料高新技术特色产业基地和动力与储能电池产业基地，建设赣西中心城市。

抚州：加快南昌抚州一体化进程，打造南昌和闽台地区后花园，建设优质农产品生产加工集散区、新型能源开发利用试验区、临川文化生态旅游观光休闲区。

巩固和加强粮食主产区地位，加强农业综合生产能力建设，重视农业生态环境保护，建成畜禽水产养殖主产区和生态农业示范区。

以鄱阳湖湿地为核心保护区，以沿湖岸线外围一定区域为控制开发带，以赣江、抚河、信江、饶河、修河五大河流沿线和交通干线沿线为生态廊道，构建以水域、湿地、林地等为主体的生态格局。

赣东北片区。该片区以上饶中心城区为中心节点，主要包括信州区、上饶县、广丰区等3个县（区）的省级重点开发区域。该区域的功能定位：全面对接鄱阳湖生态经济区、长三角和海西经济区，打造江西省经济次中心，建设光伏和锂电池新能源基地、有色金属工业基地、全国光学产业基地、新能源汽车基地，打造全国旅游强市和赣浙闽皖四省交界区域中心城市。构建以上饶中心城区为中心，以广丰区和上饶县等节点城市为支撑，以主要交通轴线为纽带，连接周边节点城市的空间开发格局，加快形成半小时经济圈和信江河谷城镇群，提升区域一体化水平。

赣西片区。该片区以宜春、萍乡中心城区为核心，包括袁州区、湘东区、安源区3个区的省级重点开发区域。该区域的功能定位是：以宜春、萍乡为复合中心，全面对接鄱阳湖生态经济区和长株潭城市群，建设湘赣边际重要的区域中心城市。推动宜春打造区域性综合交通枢纽，建设江西省低碳产业示范基地、国家锂电新能源产业基地、中国宜居城市、全国知名养生休闲度假胜地。推动萍乡打造全国资源型城市转型的示范区、江西省重要的新型工业化城市、以旅游商贸文化为重点的消费型城市。以宜春、萍乡中心城区为双核，以浙赣铁路、沪昆客运专线、沪昆高速为轴带，促进宜春、萍乡、新余联动发展，加快一体化进程，成为连接长株潭城市群的重要平台。

赣中南片区。该片区以吉安中心城区为中心，包括吉州区、青原区和吉安县3个县（区）的省级重点开发区域。该区域的功能定位是：全面对接鄱阳湖生态经济区，加快推进原中央苏区振兴发展，建设全国革命老区扶贫攻坚示范区、重要的区域性综合交通枢纽、红色文化传承创新区、国家级电子信息产业基地、国际知名的旅游观光休闲基地，打造江西省重要的绿色农产品基地和能源基地、赣中中心城市。以吉安中心城区为节点，以京九铁路、昌吉赣客运专线、衡茶吉铁路、大广高速和规划研究的吉安至建宁铁路为轴带，加快以吉泰走廊为核心的城镇群建设，形成赣中南新的经济增长极。

赣南片区。赣南片区是以赣州中心城区为中心，包括章贡区、赣县和南康区3个县（市、区）的省级重点开发区域。该区域的功能定位是：以赣州中心城区为主体，全面对接鄱阳湖生态经济区、珠三角和海西经济区，加快推进原中央苏区振兴发展，打造全国革命老区扶贫攻坚示范区、全国稀有金属产业基地、先进制造业基地和特色农产品深加工基地、重要的区域性综合交通枢纽、我国南方地区重要的生态屏障、红色文化传承创新区；建设国家历史文化名城，省域副中心城市，赣粤闽湘四省通衢的特大型、区域性、现代化中心城市和区域性综合交通枢纽；以赣州中心城区为中心，加快赣县、南康一体化进程，以赣粤、赣闽走廊为两翼优化空间结构，合理引导产业布局、人口分布和城镇空间布局，形成赣粤、赣闽城镇密集区，推进赣南等区域山地城镇组团式发展。

四、限制开发区域

（一）农产品主产区

限制开发的农产品主产区是指具备较好的农业生产条件，以提供农产品为主体功能，以提供生态产品、服务产品和工业品为其他功能，需要在国土空间开发中限制进行大规模高强度工业化城镇化开发，以保持并提高农产品生产能力的区域。

农产品主产区的功能定位是：保障农产品供给安全的重要区域，农民安居乐业的美好家园，社会主义新农村建设的示范区。农产品主产区应着力保护耕地，稳定粮食生产，增强农业综合生产能力，发展现代农业，增加农民收入，加快建设社会主义新农村，保障农产品供给，确保国家粮食安全和食物安全。

加强土地整治，搞好规划、统筹安排、连片推进，加快中低产田改造，推进连片标准粮田建设，鼓励农民开展土壤改良。加强水利设施建设，加快灌区续建配套与节水改造、灌排泵站更新改造、农村饮水安全、水源工程、中小河流治理、万亩以上圩堤除险加固、病险水库和病险水闸除险加固、水土保持、山洪灾害防治等工程建设和非工程措施。鼓励和支持小型农田水利设施建设、小流域综合治理及农村水环境整治。加强节水农业建设，推广节水灌溉，发展旱作农业。

优化农业生产布局和品种结构，搞好农业布局规划，科学处理好多种农产品协调发展的关系，根据不同产品的特点，合理确定不同区域农业发展的方向和途径，形成优势突出和特色鲜明的产业带。粮食主产区要进一步提高生产能力，稳步提高粮食生产水平。加大对粮食主产区的扶持力度，集中力量建设一批粮食生产核心区，实现粮食生产全程机械化。在保护生态前提下，开发资源有优势、增产有潜力的粮食生产后备区。

大力发展油料生产，鼓励发挥优势，发展棉花、油菜、油茶等作物生产，着力提高品质和单产。转变养殖业发展方式，推进规模化和标准化，促进畜禽和水产品稳定增产。适度控制农产品主产区开发强度，优化开发方式，发展循环农业，促进农业资源永续利用。因地制宜推进农业生产，在平原地区推进粮食生产规模化、机械化、专业化；在盆地和丘陵区域推进立体农业的开发。加强农业面源污染防治。

加强农业基础设施建设，改善农业生产条件。加快农业科技进步和创新，加强农业物质技术装备。强化农业防灾减灾能力建设。积极发展农产品深加工，推进实施"一村一品"政策，拓展农村就业和增收领域。以县城、重点镇和开发区为依托，推进城镇建设和工业发展，加强县城和乡镇公共服务建设，完善小城镇公共服务和居住功能。农村居民点以及农村基础设施和公共服务设施的建设，要统筹考虑人口迁移等因素，适度集中、集约布局。因地制宜推进农村分布式、低成本、易维护的污水处理设施建设。

重点建设"四区二十四基地"优势农产品主产区：

鄱阳湖平原主产区。建设优质双季稻生产基地，双低优质油菜生产基地，优质棉花生产基地，规模化畜禽养殖基地和以淡水鱼类、虾蟹为主的水产品养殖基地，以及优质蔬菜基地。

赣抚平原主产区。建设优质双季稻生产基地、双低优质油菜生产基地、以南丰蜜橘为主的果业种植基地、以淡水鱼类为主的水产品养殖基地和以生猪家禽为主的生产基地，以及优质蔬菜基地。

吉泰盆地主产区。建设以优质双季稻、双低优质油菜为主的粮油生产基地，以柑橘蜜柚葡萄等为主的果业种植基地，以鲴鱼和四大家鱼为主的水产养殖基地，以肉牛、生猪、肉鸡为主的草食畜禽养殖基地，以及优质蔬菜基地。

赣南丘陵盆地主产区。建设优质高产双季稻生产基地、以脐橙蜜柚为主的果业种植基地、油茶基地、生猪养殖基地，以及优质蔬菜基地。

在重点建设好优势农产品主产区的同时，积极支持其他农业地区和其他优势特色农产品的发展，根据农产品的不同品种，给予必要的政策引导和支持。

（二）重点生态功能区

限制开发的重点生态功能区是指生态系统十分重要，关系江西省乃至全国的生态安全，在本地区具有较高生态功能价值的区域。需要在国土空间开发中限制进行大规模高强度工业化城镇化开发，以保持并提高区域生态产品供给能力。该区域的功能定位是：江西省乃至全国的生态安全屏障，重要的水源涵养区、水土保持区、生物多样性维护区和生态旅游示范区，人与自然和谐相处的示范区。

严格控制开发强度，尽可能减少对自然生态系统的干扰，各类开发活动不得损害生态系统的稳定和完整性。加强防洪基础设施建设，加强山洪灾害防治，提高水旱灾害应对能力。严格依法落实水土保持方案报告制度，有效控制生产过程中造成新的人为水土流失。逐步减少开发活动占用的空间，严格控制开发矿产资源、发展适宜产业和建设基础设施的空间范围，集约利用空间资源。做到天然草地、林地、水库水面、河流水面、湖泊水面等绿色生态空间面积不减少。控制新增公路、铁路建设规模，必须新建的，应事先规划好动物迁徙通道。在有条件的地区之间，要通过水系、绿带等构建生态廊道，避免形成"生态孤岛"。

严格把握行业准入条件，在不损害生态系统功能的前提下，适度发展旅游、农林牧产品生产和加工、观光休闲农业等产业，积极发展服务业，根据不同地区的情况，保持一定的经济增长速度和财政自给能力。科学合理地进行城镇布局，集约开发、集中建设，重点规划和建设资源环境承载能力相对较强的县城和中心镇，提高综合承载力。引导一部分人口向城市化地区转移，一部分人口向区域内的县城和中心镇转移。城镇建设禁止成片蔓延式扩张，原则上不再新建各类开发区和扩大现有工业开发区的面积，已有的工业开发区要逐步改造成为低消耗、可循环、少排放、"零污染"的生态型工业区。

加强县城和中心镇的基础设施建设。在条件适宜的地区，积极推广新能源和清洁能源，努力解决农村特别是山区丘陵地区农村的能源需求。健全公共服务体系，改善教育、医疗、文化等设施条件，提高公共服务供给能力和水平。

第二节　生态红线限制条件

江西省生态保护红线划定面积为 46876 平方千米，占江西省面积的 28.06%，按照生态保护红线的主导生态功能，分为水源涵养、生物多样性维护和水土保持 3 大类共 16 个片区。

一、基本要求

（一）提高政治站位，确保生态安全

生态保护红线是指在生态空间范围内具有特殊重要生态功能、必须强制

性严格保护的区域，是保障和维护区域生态安全的底线和生命线。党的十九大报告明确提出，要完成生态保护红线划定工作。划定并严守生态保护红线，是全面贯彻习近平生态文明思想的具体行动，是深入推进国家生态文明试验区建设、打造美丽中国"江西样板"、建设富裕美丽幸福现代化江西的重要举措。各地、各部门要以习近平新时代中国特色社会主义思想为指导，切实提高政治站位，坚决把严守生态保护红线作为生态文明建设的重要内容，实现一条红线管控重要生态空间，确保生态功能不降低、性质不改变、面积不减少，有效维护生态安全。

（二）加强组织领导，落实主体责任

各级党委、政府是严守生态保护红线的责任主体，负责本区域内生态保护红线的落地、保护和监督管理，要将生态保护红线作为综合决策的重要依据和前提条件，切实履行好对生态保护红线内各类自然生态系统的保护管理责任；要建立目标责任制，把生态保护红线目标、任务和要求层层分解、落到实处。各级发改、国土、环保、住建、农业、水利、林业等相关主管部门要依据职责分工，加强监督管理，做好指导协调、日常巡护和执法监督，共守生态保护红线。

（三）做好勘界落地，确立优先地位

按照国家统一安排，依据生态保护红线勘界定标技术规范要求，开展生态保护红线勘界定标工作，实现生态保护红线准确落图落地。生态保护红线原则上按禁止开发区域的要求进行管理，未经批准同意，不得开展不符合主体功能定位的各类开发活动，不得任意改变用途。相关规划要做到与生态保护红线相衔接，并符合生态保护红线空间管控要求，不符合的要及时进行调整。

（四）健全法规体系，落实管控制度

认真落实国家生态保护红线管控制度，结合实际制定江西省贯彻落实划定并严守生态保护红线的实施意见。建立健全生态保护补偿相关机制。建立生态保护红线监管平台，并与国家平台实现互联互通。实施生态保护红线功能保护与修复制度，不断完善和提升生态保护红线内生态系统服务功能。

（五）完善监督考核，强化结果运用

加强生态保护红线日常监管，不定期开展执法专项行动，及时发现和严肃查处破坏生态环境的违法违规行为。将生态保护红线目标任务完成情况、管控措施执行、保护修复情况、工作成效等纳入生态文明建设目标考核体系、年度环境保护目标管理和环境保护督察重要内容，对各级人民政府生态保护红线工作进行量化考核，并作为政绩综合评价的重要依据。

二、基本格局

江西省生态保护红线基本格局为"一湖五河三屏"："一湖"为鄱阳湖（主要包括鄱阳湖、南矶山等自然保护区），主要生态功能是生物多样性维护；"五河"指赣、抚、信、饶、修五河源头区及重要水域，主要生态功能是水源涵养；"三屏"为赣东—赣东北山地森林生态屏障（包括怀玉山、武夷山脉、雩山）、赣西—赣西北山地森林生态屏障（包括罗霄山脉、九岭山）和赣南山地森林生态屏障（包括南岭山地、九连山），主要生态功能是生物多样性维护和水源涵养。

三、主要类型和分布范围

江西省生态保护红线区按主导生态功能分为水源涵养、生物多样性维护和水土保持3大类，共16个片区。

（一）水源涵养功能生态保护红线

以水源涵养为主导生态功能的生态保护红线8个片区，主要位于重要水源涵养区域或丘陵山区。

赣江上游流域水源涵养生态保护红线。涉及赣州市、吉安市2市的部分区域，生态保护红线面积为2754.78平方千米，占江西省生态保护红线面积比例为5.88%。主要生态系统类型包括暖性针叶林、常绿阔叶林、落叶阔叶林、针阔混交林等。主要保护对象包括南方红豆杉、闽楠、樟树、香果树、野大豆、花榈木等重点保护植物，以及蛇雕、赤腹鹰、普通鵟、苏门羚、小灵猫、大鲵、棘胸蛙、虎纹蛙等重点保护动物。已建有信丰县国家森林公园、金盆山省级自然保护区等保护地。

赣江中下游流域水源涵养生态保护红线。涉及南昌市、萍乡市、新余市、宜春市、吉安市和抚州市6市的部分区域，生态保护红线面积为2108.08平方千米，占江西省生态保护红线面积比例为4.50%。主要生态系统类型包括暖性针叶林、常绿阔叶林、落叶阔叶林、针阔混交林等。主要保护对象包括华木莲、南方红豆杉、伯乐树、闽楠、樟树、香果树等重点保护植物，以及普通䴓、蛇雕、苏门羚、小灵猫、大鲵、棘胸蛙等重点保护动物。已建有仙女湖国家级风景名胜区、铁丝岭省级自然保护区、阁皂山国家森林公园等保护地。

抚河流域水源涵养生态保护红线。涉及南昌市、宜春市和抚州市3市的部分区域，生态保护红线面积为495.92平方千米，占江西省生态保护红线面积比例为1.06%。主要生态系统类型包括暖性针叶林、常绿阔叶林、落叶阔叶林、针阔混交林等。主要保护对象包括南方红豆杉、普通野生稻、樟树、闽楠、花榈木、野大豆等重点保护植物，以及中华秋沙鸭、白颈长尾雉、白鹇、红嘴相思鸟、黑麂、苏门羚、乌梢蛇、尖吻蝮等重点保护动物。已建有香炉峰省级森林公园、南城盱江省级湿地公园等保护地。

信江流域水源涵养生态保护红线。涉及鹰潭市、上饶市和抚州市3市的部分区域，生态保护红线面积为463.79平方千米，占江西省生态保护红线面积比例为0.99%。主要生态系统类型包括暖性针叶林、常绿阔叶林、落叶阔叶林、针阔混交林等。主要保护对象包括中华水韭、南方红豆杉、水松、樟树、闽楠、浙江楠等重点保护植物，以及普通䴓、蛇雕、长耳鸮、豹猫、小麂、棘胸蛙、眼镜蛇等重点保护动物。已建有怀玉山国家森林公园、云碧峰国家森林公园、三清山信江源国家湿地公园等保护地。

饶河流域水源涵养生态保护红线。涉及景德镇市、上饶市2市的部分区域，生态保护红线面积为4007.09平方千米，占江西省生态保护红线面积比例为8.55%。主要生态系统类型包括常绿阔叶林、落叶阔叶林、暖性针叶林、温性针叶林等。主要保护对象包括南方红豆杉、伯乐树、榧树、鹅掌楸、凹叶厚朴、闽楠等重点保护植物，以及中华秋沙鸭、黄喉噪鹛、白腿小隼、苏门羚、小灵猫、灰鼠蛇、滑鼠蛇等重点保护动物。已建有婺源森林鸟类国家级自然保护区、瑶里国家级风景名胜区、瑶里省级自然保护区、黄字号黑麂省级自然保护区等保护地。

修河流域水源涵养与生物多样性维护生态保护红线。涉及九江市、宜春市 2 市的部分区域，生态保护红线面积为 3938.72 平方千米，占江西省生态保护红线面积比例为 8.40%。主要生态系统类型包括常绿阔叶林、落叶阔叶林、暖性针叶林、竹林等。主要保护对象包括南方红豆杉、伯乐树、篦子三尖杉、榉树、凹叶厚朴、闽楠等重点保护植物，以及中华秋沙鸭、白颈长尾雉、鸳鸯、小灵猫、豹猫、大鲵、棘胸蛙等重点保护动物。已建有云居山柘林湖国家级风景名胜区、云居山省级自然保护区、程坊省级自然保护区、五梅山省级自然保护区、铜鼓棘胸蛙省级自然保护区等保护地。

湘江流域水源涵养生态保护红线。涉及九江市、萍乡市和宜春市 3 市的部分区域，生态保护红线面积为 200.71 平方千米，占江西省生态保护红线面积比例为 0.43%。主要生态系统类型包括暖性针叶林、常绿阔叶林、落叶阔叶林、针阔混交林等。主要保护对象包括南方红豆杉、伯乐树、闽楠、花榈木、香果树、毛红椿、喜树等重点保护植物，以及灰胸竹鸡、环颈雉、松雀鹰、鼬獾、黄鼬、灰鼠蛇、乌梢蛇、银环蛇等重点保护动物。

直入长江流域水源涵养生态保护红线。涉及九江市部分区域，生态保护红线面积为 956.73 平方千米，占江西省生态保护红线面积比例为 2.04%。主要生态系统类型包括常绿阔叶林、落叶阔叶林、暖性针叶林、温性针叶林等。主要保护对象包括南方红豆杉、金钱松、鹅掌楸、凹叶厚朴、连香树、香果树等重点保护植物，以及白颈长尾雉、东方白鹳、勺鸡、小天鹅、梅花鹿、苏门羚、小灵猫、棘胸蛙、虎纹蛙等重点保护动物。已建有桃红岭梅花鹿国家级自然保护区、南方红豆杉省级自然保护区、天花井国家森林公园等保护地。

（二）生物多样性维护功能生态保护红线

以生物多样性维护为主导生态功能的生态保护红线 7 个片区，主要位于省内周边山区、丘陵山区和鄱阳湖区。

怀玉山生物多样性维护与水源涵养生态保护红线。涉及景德镇市、鹰潭市和上饶市 3 市的部分区域，生态保护红线面积为 2331.44 平方千米，占江西省生态保护红线面积比例为 4.97%。主要生态系统类型包括常绿阔叶林、落叶阔叶林、常绿落叶阔叶混交林、暖性针叶林、温性针叶林、针阔混交林等。主要保护对象包括南方红豆杉、伯乐树、华东黄杉、福建柏、白豆杉、榧树、长柄双花木、短萼黄连、天女花、南方铁杉、八角莲等重点保护植物，以及凤头蜂鹰、蛇雕、画眉、苏门羚、猕猴、斑林狸、毛冠鹿、鼬獾、棘胸蛙、黑眉锦蛇等重点保护动物。已建有大茅山国家级风景名胜区、三清山国家级风景名胜区、神农源国家级风景名胜区、信江源省级自然保护区等保护地。

武夷山脉生物多样性维护与水源涵养生态保护红线。涉及鹰潭市、赣州市、上饶市和抚州市4市的部分区域，生态保护红线面积为7546.45平方千米，占江西省生态保护红线面积比例为16.10%。主要生态系统类型包括常绿阔叶林、落叶阔叶林、常绿落叶阔叶混交林、暖性针叶林、温性针叶林、针阔混交林等。主要保护对象包括福建柏、榧树、长叶榧树、鹅掌楸、凹叶厚朴、半枫荷等重点保护植物，以及黄腹角雉、白颈长尾雉、云豹、黑麂、黑熊、水鹿、棘胸蛙、虎纹蛙、眼镜蛇等重点保护动物。已建有铜钹山国家级自然保护区、武夷山国家级自然保护区、阳际峰国家级自然保护区、马头山国家级自然保护区、赣江源国家级自然保护区、龙虎山国家级风景名胜区、五府山省级自然保护区、岩泉省级自然保护区、抚河源省级自然保护区、湘江源省级自然保护区等保护地。

南岭山地生物多样性维护与水源涵养生态保护红线。涉及赣州市部分区域，生态保护红线面积为2730.59平方千米，占江西省生态保护红线面积比例为5.83%。主要生态系统类型包括常绿阔叶林、落叶阔叶林、常绿落叶阔叶混交林、暖性针叶林、温性针叶林、针阔混交林等。主要保护对象包括南方红豆杉、伯乐树、金毛狗、粗齿桫椤、针毛桫椤、华南五针松、山豆根、半枫荷等重点保护植物，以及白颈长尾雉、海南虎斑鳽、仙八色鸫、云豹、小灵猫、食蟹獴、棘胸蛙、尖吻蝮、蟒蛇、金斑喙凤蝶等重点保护动物。已建有九连山国家级自然保护区、桃江源省级自然保护区、三百山国家森林公园等保护地。

罗霄山脉生物多样性维护与水源涵养生态保护红线。涉及萍乡市、新余市、赣州市、宜春市和吉安市5市的部分区域，生态保护红线面积为5777.38平方千米，占江西省生态保护红线面积比例为12.32%。主要生态系统类型包括常绿阔叶林、落叶阔叶林、常绿落叶阔叶混交林、暖性针叶林、温性针叶林、针阔混交林等。主要保护对象包括资源冷杉、华木莲、南方红豆杉、粗齿桫椤、篦子三尖杉、凹叶厚朴、全缘叶红山茶、井冈寒竹等重点保护植物，以及黄腹角雉、白颈长尾雉、海南虎斑鳽、云豹、藏酋猴、穿山甲、毛冠鹿、大鲵、棘胸蛙等重点保护动物。已建有井冈山国家级自然保护区、南风面国家级自然保护区、齐云山国家级自然保护区、武功山国家级风景名胜区、井冈山国家级风景名胜区、羊狮幕省级自然保护区、阳明山省级自然保护区、玉京山落叶木莲省级自然保护区、高天岩省级自然保护区、七溪岭省级自然保护区、井冈山大鲵省级自然保护区、五指峰省级自然保护区、章江源省级自然保护区等保护地。

九岭山生物多样性维护与水源涵养生态保护红线。涉及南昌市、九江市和宜春市3市的部分区域，生态保护红线面积为2711.63平方千米，占江西省生态保护红线面积比例为5.78%。主要生态系统类型包括常绿阔叶林、落叶阔叶林、暖性针叶林、针阔混交林等。主要保护对象包括南方红豆杉、伯乐树、篦子三尖杉、榉树、凹叶厚朴、伞花木、永瓣藤、长序榆等重点保护植物，以及中华秋沙鸭、白颈长尾雉、海南虎斑鳽、斑头鸺鹠、苏门羚、猕猴、小灵猫、大鲵、棘胸蛙、尖吻蝮等重点保护动物。已建有九岭山国家级自然保护区、官山国家级自然保护区、峤岭省级自然保护区、潦河大鲵省级自然保护区、三十把省级自然保护区等保护地。

幕阜山生物多样性维护生态保护红线。涉及九江市部分区域，生态保护红线面积为1301.96平方千米，占江西省生态保护红线面积比例为2.78%。主要生态系统类型包括常绿阔叶林、落叶阔叶林、暖性针叶林、竹林等。主要保护对象包括南方红豆杉、凹叶厚朴、闽楠、樟树、香果树、永瓣藤等重点保护植物，以及白颈长尾雉、白鹇、勺鸡、苏门羚、小灵猫、豹猫、棘胸蛙、乌梢蛇等重点保护动物。已建有伊山省级自然保护区等保护地。

鄱阳湖区生物多样性维护与洪水调蓄生态保护红线。涉及南昌市、九江市和上饶市3市的部分区域，生态保护红线面积为3926.35平方千米，占江西省生态保护红线面积比例为8.38%。主要生态系统类型以水域的草甸、沼泽及水生植被为主，陆域主要为暖性针叶林、次生常绿阔叶林、次生落叶阔叶林、灌木林以及水田和旱地等。主要保护对象包括中华水韭、樟树、花榈木、野大豆、莼菜、金荞麦等重点保护植物，以及白鹤、东方白鹳、白头鹤、白枕鹤、灰鹤、小天鹅、白额雁、小青脚鹬、反嘴鹬、青头潜鸭、红头潜鸭、花脸鸭、普通秋沙鸭、果子狸、鼬獾、黄腹鼬、虎纹蛙、乌梢蛇等重点保护动物。已建有庐山国家级自然保护区、鄱阳湖国家级自然保护区、鄱阳湖南矶湿地国家级自然保护区、庐山国家级风景名胜区、鄱阳湖鲤鲫鱼产卵场省级自然保护区、鄱阳湖长江江豚省级自然保护区、都昌候鸟省级自然保护区、鄱阳湖银鱼产卵场省级自然保护区等保护地。

水土保持功能生态保护红线。以水土保持为主导生态功能的生态保护红线1个片区，主要位于赣中低山丘陵和赣南山地。雩山水土保持与生物多样性维护生态保护红线，涉及赣州市、吉安市和抚州市3市的部分区域，生态保护红线面积为5624.38平方千米，占江西省生态保护红线面积比例为12.00%。该区域属于国家级水土流失重点治理区集中分布区域，主要生态系统类型包括常绿阔叶林、落叶阔叶林、常绿落叶阔叶混交林、暖性针叶林、温性针叶林、针阔混交林等。主要保护对象包括南方红豆杉、伯乐树、鹅掌楸、凹叶厚朴、长柄双花木、伞花木、香果树、毛红椿、八角莲等重点保护植物，以及中华秋沙鸭、勺鸡、领角鸮、褐翅鸦鹃、小鸦鹃、云豹、黑麂、鼬獾、大鲵、棘胸蛙、尖吻蝮、银环蛇等重点保护动物。已建有中华秋沙鸭省级自然保护区、凌云山省级自然保护区、老虎脑省级自然保护区、大龙山省级自然保护区、水浆省级自然保护区、芙蓉山省级自然保护区、华南虎省级自然保护区等保护地。

第三节 "三线一单"管控要求

加快划定并严守生态保护红线、环境质量底线、资源利用上线和生态环境准入清单（以下简称"三线一单"），建立生态环境分区管控体系，是党中央、国务院全面加强生态环境保护，坚决打好污染防治攻坚战的重大部署。绿色生态是江西最大财富、最大优势、最大品牌，江西是我国南方地区重要的生态安全屏障，担负着维护长江经济带生态环境安全的重要使命。

加快实施江西省"三线一单"生态环境分区管控，是推动形成绿色生产方式和生活方式、推进生态环境治理体系和治理能力现代化的必然要求，是推进经济高质量发展和生态环境高水平保护的有力抓手，对加快构建生态文明体系，实现生态环境质量持续改善，做好治山理水、显山露水的文章，打造美丽中国"江西样板"具有重要意义。

一、总体要求

以习近平新时代中国特色社会主义思想为指导，全面贯彻党的十九大和十九届二中、三中、四中全会精神，深入学习贯彻习近平总书记视察江西重要讲话精神，落实生态保护红线、环境质量底线、资源利用上线要求，建立和完善生态环境分区管控差别化准入机制，健全源头预防、过程控制、损害赔偿、责任追究的生态环境保护体系，协同推进经济高质量发展和生态环境高水平保护。

（一）总体目标

到 2020 年，江西省生态环境质量进一步改善，环境风险得到有效防控，资源能源利用效率大幅提高，绿色循环低碳发展取得明显成效，国家生态文明试验区建设取得明显成效，生态环境保护水平同全面建成小康社会相适应。

到 2025 年，生态环境质量稳定向好，突出环境问题得到有效治理，生态服务功能稳定恢复，以"三线一单"为核心的生态环境分区管控体系基本建立，环境治理体系和治理能力现代化取得重大进展。

到 2035 年，生态环境质量得到根本改善，节约资源和保护生态环境的空间格局、产业结构、生产方式、生活方式总体形成，环境治理体系和治理能力现代化初步实现，美丽中国"江西样板"基本建成。

（二）分区管控要求

加强统筹衔接。统筹经济社会发展和环境质量改善要求，衔接国土空间规划，坚持生态环境管控内容不突破、管理要求不降低，建立健全"三线一单"生态环境分区管控体系。

落实"三线"要求。按照生态保护红线要求，实现一条红线管控重要生态空间，确保生态功能不降低、面积不减少、性质不改变；坚守环境质量底线，将生态环境质量只能更好、不能变坏作为底线，并在此基础上不断改善；充分衔接资源、能源管控要求，从维护生态环境质量角度，把握好资源利用上线。

分区分类管控。将生态保护红线、环境质量底线、资源利用上线的约束落实到环境管控单元，江西省行政区域原则上划分为优先保护、重点管控和一般管控三类环境管控单元。根据各管控单元生态环境特征、发展定位及突出生态环境问题，提出针对性的生态环境准入清单。优先保护单元以生态环境保护为主，依法禁止或限制大规模、高强度的工业和城镇无序建设；重点管控单元主要从空间布局、污染物排放、环境风险、资源利用等方面加强生态环境管控，稳步改善生态环境质量；优先保护单元、重点管控单元之外的其他区域为一般管控单元，落实生态环境保护的基本要求。

二、重点任务

（一）服务经济社会高质量发展

各设区市政府和省有关部门加强生态保护红线、环境质量底线和资源利用上线的管控，相关规划编制、产业布局、重大项目选址中应强化"三线一单"的衔接协调，充分发挥生态环境保护的引导作用，切实服务经济社会高质量发展。

（二）促进生态环境高水平保护

各设区市政府和省有关部门应强化"三线一单"在污染防治、生态修复、环境风险防控和日常环境管理中的应用，制定相关环境政策时应落实生态环境分区管控要求。在功能受损的优先保护单元优先开展生态保护修复活动，恢复生态系统服务功能；在重点管控单元有针对性地加强污染物排放控制和环境风险防控，解决生态环境质量不达标、生态环境风险高等问题。环境影响评价文件审查、审批中应落实管控单元在空间布局、污染物排放、环境风险防控、资源利用等方面的要求，生态环境保护综合执法应将生态环境分区管控体系作为监督开发建设行为和生产活动的重要依据，将优先保护单元和重点管控单元作为生态环境监管的重点区域，将生态环境分区管控要求作为生态环境监管的重要内容。

（三）加快分区管控落地应用

各设区市政府和省有关部门要强化"三线一单"生态环境分区管控体系和国土空间规划的衔接，做到相互协调、相互促进。省生态环境厅结合江西省生态环境大数据建设，牵头建立江西省"三线一单"数据应用系统，将"三线一单"编制成果和生态环境分区管控具体要求进行系统集成，推动"三线一单"分区管控系统与智慧环评、排污许可、监测执法等数据系统的互联互通，实现共建共享。各设区市政府在江西省环境管控单元划定结果和生态环境分区管控总体要求框架下，结合地方实际，制定、发布本地区实施方案并监督实施，共同推进生态环境分区管控体系的不断完善和深化。各设区市经审核通过的成果数据应及时上传省级"三线一单"生态环境分区管控数据应用系统。

（四）实施定期及动态更新调整

江西省生态环境厅原则上每 5 年牵头组织开展"三线一单"更新调整。其间，因国家和江西省重大发展战略、区域生态环境质量目标等发生重大变化，生态保护红线、自然保护地等进行调整的，及时组织对"三线一单"相关内容更新，也可在设区市政府或省政府有关部门提出申请后，由省生态环境厅组织审定更新。相关内容更新后，省生态环境厅要及时报生态环境部并上传至国家"三线一单"数据共享系统。

三、保障措施

（一）加强组织保障

江西省生态环境厅要会同自然资源、发展改革、水利、交通运输、农业农村、住房建乡建设、林业等部门建立协调机制，加强对各地的督促指导，组织开展好"三线一单"生态环境分区管控的实施、评估、调整更新和宣传工作。各设区市政府落实好主体责任，有序推进"三线一单"生态环境分区管控实施应用工作，形成力推江西省经济高质量发展的工作合力。

（二）强化技术保障

各级人民政府要安排专项工作经费，组建长期稳定的专业技术团队，切实保障"三线一单"生态环境分区管控成果的编制实施、应用维护、评估更新等工作。

（三）强化监督考核

将"三线一单"生态环境分区管控实施情况纳入高质量发展考核评价和省级生态环境保护督察，并将结果移交相关部门，作为领导干部自然资源离任审计、绩效考核、奖惩任免、责任追究的重要依据。

（四）加强宣传培训

结合管理需求和工作推进情况，开展广泛宣传和培训，推广应用经验，扩大公众宣传不监督范围，推动生态环境分区管控体系不断完善。

四、生态环境分区

为落实生态保护、环境质量目标管理、资源利用管控要求，实现生态环境精细化管理，建立国土空间全覆盖的生态环境保护制度，将江西省各设区市行政区域划分为优先保护、重点管控、一般管控三类环境管控单元，面积占比分比为 34. 45%、25.8% 和 39.75%。按照构建生态环境分区管控体系的要求，分级确立江西省生态环境准入清单，构建生态环境分区管控体系。其中，省级生态环境管控要求主要从生态保护、空间布局、污染物排放、环境风险、资源利用等方面，对优先保护、重点管控、一般管控三类环境管控单元提出总体要求；在满足省级管控总体要求的基础上，按照鄱阳湖总磷污染和环境风险防控、江河源头区域生态保护与治理的生态环境保护需求，明确鄱阳湖及长江沿岸区、江河源头丘陵山区 2 个重点区域的管控要求；各环境管控单元的具体生态环境准入清单由各设区市组织编制实施。

（一）优先保护单元

优先保护单元主要分布在江西省鄱阳湖临水区，赣江、抚河、信江、饶河、修河及东江源头区，赣东—赣东北、赣西—赣西北、赣南三大山地森林生态屏障区，涉及生态保护红线、自然保护区、饮用水水源保护区等生态功能重要或生态环境敏感区面积占比较高的乡镇。生态保护红线内，自然保护地核心保护区原则上禁止人为活动，其他区域严格禁止开发性、生产性建设活动，在符合现行法律法规前提下，除国家重大战略项目外，仅允许对生态功能不造成破坏的有限人为活动；优先保护单元中的其他重要生态空间，原则上不再新建各类工业开发区和扩大现有工业园区面积，已有的工业开发区要逐步改造成为低能耗、低排放、可循环生态型工业区；其他不属生态空间的区域开发建设活动，应避免开发建设活动损害所在环境管控单元的生态服务功能和生态产品质量。

管控要求：禁止围湖造地、围垦河道，全面取缔河湖水库网箱养殖；严控新建商业开发的小水电项目；禁止天然林、公益林商业性采伐；禁止在森林公园内进行采石、取土、开矿、放牧以及非抚育和更新性采伐等活动，以及开发商品房或修建破坏景观、污染环境的工程设施；水生生物保护区水域不新设排污口和开展生产性捕捞；不得在"五河一湖"（赣江、抚河、信江、饶河、修河和鄱阳湖）及东江源头保护区新建规模化畜禽养殖；禁止在饮用水水源保护区内设置排污口。在水源地一级保护区内禁止新、改、扩建与供水设施和保护水源无关的建设项目，不得从事网箱养殖、旅游、游泳、垂钓或者其他可能污染水源的活动；在水源地二级保护区内禁止新建、改建、扩建排放污染物的建设项目；在水源地准保护区内禁止新、扩建对水体污染严重的建设项目，改建项目不得增加排污量；生态保护红线内严禁不符合主体功能定位的各类开发活动，严禁任意改变用途，确保生态功能不降低、面积不减少、性质不改变。

（二）重点管控单元

重点管控单元主要分布在长江干流沿岸、大南昌都市圈、"五河"中下游腹地城镇化和工业化区域，涉及各类开发区、城镇规划区以及其他生态环境问题集中或未来环境压力较大的区域。结合生态环境质量达标情况以及经济社会发展水平等因素，按照差别化的生态环境准入要求，优化空间和产业布局，加强污染物排放控制和环境风险防控，不断提升资源利用效率，稳步改善生态环境质量。

管控要求：禁止新、扩建不符合国家产业布局规划的石化、现代煤化工项目和不符合国家产能置换要求的产能过剩行业项目；县级及以上城市建成区原则上不再新建35蒸吨/小时及以下燃煤锅炉；禁止新建、改扩建采用中（I）频炉生产"地条钢"项目；不得在长江干流江西段、"五河"干流及鄱阳湖岸线5千米范围内新布局重化工园区、1千米范围内新上化工、造纸、制革、冶炼等重污染项目；禁止建设不符合内河航道及港口布局规划的码头项目以及配套设施、锚地等工程。禁止建设不符合国家长江干线过江通道布局规划的过江通道项目；禁止在江河、湖泊、渠道、水库最高水位线以下的滩地和岸坡堆放、存贮固体废弃物和其他污染物；城市建成区内现有钢铁、有色金属、造纸、印染、原料药制造、化工等污染较重的企业应有序搬迁改造或依法关闭；江西省 COD、氨氮、二氧化硫、氮氧化物等主要污染物和重点重金属排放量削减比例达到国家下达的控制要求；禁止新建不符合国家产业政策的小型造纸、制革、印染、染料、炼焦、炼硫、炼砷、炼汞、炼油、电镀、农药、石棉、水泥、玻璃、钢铁、火电以及其他严重污染水环境的生产项目；新建、改建、扩建造纸、焦化、氮肥、有色金属、印染、农副食品加工、原料药制造、制革、农药、电镀等重点行业建设项目实施主要水污染排放总量等量或减量置换；火电行业实施超低排放改造；新型干法水泥窑实施低氮燃烧改造并安装脱硝设施；禁止开采高硫煤（含硫量＞5%）、高灰煤（灰分含量＞50%）、可耕砖瓦用黏土等；全面开展 VOCs 主要排放行业的污染治理，实现达标排放；严格限制新建自制水煤气发生炉；建立完善昌九区域、九江—黄冈区域大气污染防治联动应急响应体系；在居民集中区、医院和学校附近、重要水源涵养生态功能区等环境风险防控重点区域，以及因环境污染导致环境质量不能稳定达标的区域内，禁止新建或扩建化工石化、有色冶炼、制浆造纸等易引发环境风险的项目；限制氰化工艺等威胁生态环境安全的选矿工艺设施的建设；港口、码头、装卸站和船舶修造厂应当备有足够的船舶污染物、废弃物的接收设施。从事船舶污染物、废弃物接收作业，或者从事装载油类、污染危害性货物船舱清洗作业的单位，应当具备与其运营规模相适应的接收处理能力；位于城镇人口密集区内，安全、卫生防护距离不能满足相关要求和不符合规划的现有危险化学品生产企业限期退出或依法关停；江西省用水总量控制在国家确定的目标范围内。对取用水总量达到或超过控制指标的地区，暂停审批建设项目新增取水；江西省能源消费总量控制在国家确定的目标范围内。禁止新建、扩建燃用高污染燃料的项目和设施，已建成的应逐步改用天然气、电或者其他清洁能源；禁燃区内禁止燃放烟花爆竹，加强散煤治理。

（三）一般管控单元

一般管控单元为优先保护单元、重点管控单元之外的其他区域，属于低强度开发的农业农村区域，执行生态环境保护的基本要求。主要任务是基本农田保护及管理、农业农村污染治理和改善农村人居环境。

管控要求：严格执行畜禽养殖禁养区、限养区规定，根据区域用地和消纳水平合理确定养殖规模；加强基本农田保护，严格限制非农项目占用耕地。严格控制在优先保护类耕地集中区域新建有色金属冶炼、石油加工、化工、焦化、电镀、制革等行业企业；加强农业农村污染治理。科学推进农业面源污染治理，逐步构建基于环境资源承载力的农业绿色发展格局。加强畜禽养殖污染治理及资源化利用、水产养殖环境综合治理。实施化肥农药减量化，提高农业废弃物资源化利用水平，加强农村环保基础设施建设和农村环境综合整治。

第四章　江西省绿色发展战略举措

第一节　绿色产业主导

绿色产业是一种根据产业生态学基本原理和循环经济理论建立的全新发展模式和经济形态，能够从根本上缓解长期以来困扰人们的经济发展与资源、环境问题的尖锐冲突，代表了未来工业发展的主要方向。江西处于中部地区，由于长期沿用高物耗、高能耗、高污染的粗放型经济发展模式导致生态环境日益恶化，这几年经济发展虽然取得了一定成效，但是经济、人口、资源、环境相矛盾的问题仍然突出，资源产出利用效率低下，高耗能行业、高污染行业和重工业比重过大，工业技术水平较低、资源短缺。这种传统的工业发展模式存在的弊端使转变经济增长方式成为必然。大力发展生态工业，对于实现江西经济社会跨越式可持续发展，具有重大的现实意义。

一、发展生态工业实践中的主要问题

一是企业对生态工业实践认识不足，缺乏社会责任感。从目前状况来看，企业因长期受传统发展模式的思想束缚，习惯于抓各项利润指标，轻视最大限度利用资源和保护环境。大部分企业特别是中小企业对实行生态工业的价值、生态工业的策略以及实行生态工业的费用和效益等都缺乏认识，许多企业采取环保措施实际上是一种被动的选择。极少有企业以社会营销观念为指导，在追求自身利益的过程中忽视了对生态环占工业增加值的比重迅猛增加工业园区建设取得了显著成效，已成为江西经济社会快速发展的重要支撑、发展产业集聚和产业集群的重要平台、发展开放型经济的重要载体和增加就业岗位的重要阵地。

二是工业废弃物回收综合利用效率较低，工业污染治理能力有限。工业污染程度主要是指工业三废——工业废气、工业废水、工业固体废物对环境造成的污染情况。进行"生态化"生产，往往需要采用高新技术和较大的投资额，企业一般无力或不愿承担。许多企业领导把追求企业利润最大化作为唯一目标，在思想认识上存在种种偏差和误区，企业的社会责任感严重缺失。

三是生态消费需求不足。生态工业生产的生态产品，其产品价格一般要高于非生态产品，国外研究表明，生态产品比非生态产品价格要高出20%～200%，而当前江西省居民的消费水平和需求仍较低。因此，从总体上对生态产品的消费能力显得薄弱。居民环保意识淡薄，也是生态消费受到抑制的另一原因，市场上假冒生态产品泛滥成灾，真假难辨，影响了生态消费需求的欲望。

四是缺乏生态工业发展的科学支撑体系。生态工业发展的支撑体系包括技术支撑体系、法律和政策环境体系、基础设施体系三大体系。从目前技术效果上看，与江西生态工业发展相配套的污水治理、废物利用、清洁生产等技术仍然处于较低水平，企业技术创新能力也很弱，缺少能够对行业产生重大影响和带动作用的共性和关键的生态工业技术。生态工业实践的相关政策、法规缺乏完整性、系统性，缺少循环经济或工业生态园法律规定。基础设施体系相对落后，高速公路、铁路、机场、电厂、电网和水利等方面的基础设施相对薄弱，特别是与生态工业发展相适应的信息化基础设施严重不足。

五是工业园区生态化程度不高。江西工业园区的生态化建设存在一些普遍的共性问题：产品结构单一、趋同，产业层次较低。工业园的企业多以来料加工的各类加工业为主，产品结构单一，缺少对核心技术的研发和自主知识产权，产业结构雷同。此外，大多数园区只是综合型园区，专业型、特色型园区相对较少，在江西省工业园区企业中，采选业、农副食品加工业、食品制造业、家具制造和工艺品及其他制造业等劳动密集型企业、简单加工业或低端产业类企业占40%以上。循环经济发展偏弱。在多数园区的现有企业中，中小企业多，企业产业链短小且单调，难以形成有效的规模经济产业。由于企业规模小，各企业之间既缺乏产品链的物资流，也缺乏非物流和热能交换机制。园区建设规模偏小，目前江西省规划面积在 10 平方千米以上的园区仅有 15 个，实际开发面积在 10 平方千米以上的只有南昌高新技术产业开发区。运行良好、建设较快、品位较高的不多，大量园区没有形成适度的规模。

二、推绿色产业发展，走出新区"赣"样风采

2017 年，在江西省政协"进一步加快赣江新区发展"常委会议第二小组讨论会上，推动特色产业发展，增强新区发展动力是常委们特别关注的话题之一。赣江新区这个国家级战略新区来之不易，要打造好这块"金字招牌"，让它名副其实，就需要在主导产业上下功夫，切实体现"新"的内涵。

赣江新区将光电信息、生物医药、智能装备制造、新能源新材料、有机硅和现代轻纺定位为六大主导产业。但要像提起贵安新区就想到大数据产业一般来找准、培育新区的特色产业，确实需要下一番苦功。绿色生态是江西最大财富、最大优势、最大品牌，江西省政协副主席刘晓庄建议把绿色生态产业作为新区的特色来扶持，让"绿色"成为新区的符号，打造美丽中国"江西样板"先行区。同时，也要放宽思路，拓展"无中生有"的项目，做还没有的项目，发展独门的技术。要利用江西特色，做大做强生态产业，并举江西省之力，重点培育，重点输血，以期在全国占有一席之地。

在国家大力提倡、支持新能源发展，正式将全面禁售燃油汽车工作提上日程的当下，可以结合新能源汽车的发展，在赣江新区做有关新能源汽车技术和产业发展的前瞻性布局，以及新能源共享汽车示范推广试点，同时尽可能争取国家政策，做出自己的特色。要把赣江新区打造为样板中的"样板"，就要提高新区项目准入门槛，不能走过场，着力引进一些含金量高且发展前景好的企业。

推动赣江新区四个组团功能互补、产业联动、资源共享，这是新区特色产业进一步发展的根本之道。谈及四个组团的配合度，常委们略显"焦虑"。当前四大组团产业发展各自为政，"你搞你的，我搞我的"，犹如"一盘散沙"，建议四大组团统一思想，加强要素流动，形成"你依赖我，我依赖你"相互依靠的上下游关系，最终打造一个或者多个在全国叫得响的产业链。产业发

展是新区与企业双向选择的过程，而政策是新区"人格魅力"所在，是吸引企业落户的关键。江西省在顶层设计时要"脑洞大开"，抓紧出台一整套措施，深入推进"放管服"改革，进一步完善人才落户、子女就学、医疗社保等政策，切莫开"空头支票"，提高政策吸引力，让企业进得来留得住发展得好。新区建设要转变观念，有"不同"思维，创新政策体制机制，才能吸引更多更好的投资者。

三、聚焦主导产业，探索"绿色+"模式

"江西·赣江新区绿色金融发展大会暨高峰论坛"在南昌拉开帷幕。数十家金融机构负责人、专家学者汇聚一堂，思想碰撞，观点交锋，解读国家绿色金融政策，探索南昌绿色发展、生态发展新路径。随着2017年6月赣江新区绿色金融改革创新试验区建设的正式获批，江西发展绿色金融的号角已然吹响，实体经济的行进步伐越发稳健。

国家多重激励促绿色金融发展，2016年8月31日，中国人民银行与财政部等七部委联合发布《关于构建绿色金融体系的指导意见》，对中国建设绿色金融体系做了总体部署；2017年6月14日，国务院常务会议决定，在江西等五地，建设各有侧重、各具特色的绿色金融改革创新试验区。

绿色金融已经成为我国的发展战略，在国际层面也成为推动全球发展重要方向。当前，我国支持金融机构设立绿色金融事业部或绿色支行，鼓励小额贷款、金融租赁公司等参与绿色金融业务，支持创投、私募基金等境内外资本参与绿色投资；鼓励绿色企业通过发债、上市等融资；建设绿色信用体系，推动绿色评级、指数等金融基础设施建设；建立绿色金融风险防范机制，依法建立绿色项目投融资风险补偿等机制，促进形成绿色金融健康发展模式。

由此可以看出，政府对绿色金融体系的支持是全方位的，一方面体现在对绿色金融产品开发与创新的支持上，提出了对开发绿色金融创新工具的支持举措，另一方面，在具体支持机制上指明了方向。

用好绿色金融杠杆南昌有实力。位于南昌经开区的江西恒动新能源有限公司产销两旺，生产线正运转不停。而鲜为人知的是，不久前它在产能建设阶段急需巨额资金投入，得益于江西银行在第一时间向其投放了低成本绿色

金融债券资金1亿元,才有了今天企业的宏图大志:2020年该公司动力电池销量收入超200亿,进入新能源汽车动力电池全国前三强。

其实金融服务实体经济,南昌一直在践行。比如成立滕王阁城市发展基金。南昌提出,充分运用规模达1200亿元的"滕王阁城市发展基金",尽快完善产业发展基金平台、担保平台和转贷(过桥)平台"三大平台",鼓励各类金融机构加大对城市产业发展特别是工业发展的支持力度,以此撬动各类资本进入重大产业项目特别是工业项目,建立有关基金平台,助推本地产业发展。

南昌金融业发展在江西处于领先地位,建有红谷滩江西省金融商务区。当时,江西省金融商务区已落户各类金融监管机构、金融机构和金融服务企业636家,其中传统金融机构和重点项目101家,新型金融机构和金融服务中介机构535家。聚焦汽车等战略性新兴产业,作为南昌汽车产业的领头羊,江铃集团加快转型升级与创新发展步伐,通过产融结合,以资本为纽带,整合布局汽车全产业链,在江西企业界及投资界形成了一定的影响力。中国社科院金融政策研究中心主任何海峰表示:"南昌正在强攻产业、决战工业。汽车产业作为中国产业链条最长、拉动性最强的产业之一,又是南昌的主导产业,应该是金融聚焦的产业方向。"

如果把产业当作"骨干",那么金融便是"肌肉和血液"。只有骨干搭起来,肌肉和血液才能构成一个好的运动系统。南昌发展绿色金融,要注重与航空、汽车、电子信息、生物医药等主导产业相结合,通过贷款、发债、股权融资、信托、担保等方式,实现经济效益、社会效益与环境效益的有机融合。南昌应大力探索"绿色+"产业发展模式,在强攻产业、决战工业的过程中,更加注重创建生态园区和循环经济的发展。

设立基金引进专家智库等智力资源,绿色金融是在金融资源配置上重点支持低碳循环经济发展。南昌绿色金融除了聚焦战略性新兴产业,还应侧重从何处发力?赣江新区已与深圳市大成前海股权投资基金管理有限公司、博能控股股份有限公司签约,联合成立赣江新区区块链产业投资基金。基金设立起来以后,会把国内区块链产业发展方面的一些专家、智库、智囊,通过设立委员会、创办论坛等形式请到南昌来,聚集到江西来。同时,通过基金,将好的区块链企业和创业者吸引过来。

赣江新区绿色金融改革新探索，赣江新区绿色金融改革创新试验区建设正式获得国家批复。三个月来，赣江新区通过建立绿色产业重点项目库，综合服务平台等强化绿色项目动态管理，对绿色项目的签约、实施、落地进行跟踪服务。截至目前，赣江新区已储备与中航信托合作设立绿色引导基金等多个绿色项目。

赣江新区计划通过 5 年左右的时间，初步构建组织体系完善、产品服务丰富、基础设施完备、稳健安全运行的绿色金融服务体系，绿色金融服务覆盖率、可得性和满意度得到较大提升，探索形成有效服务实体经济绿色发展的可复制可推广经验。

四、大力发展绿色生态产业

2020 年 1 月 17 日，江西省第十三届人民代表大会第四次会议上，在做《关于国家生态文明试验区（江西）建设情况的报告》时，江西省发展和改革委员会主任张和平提到，2020 年深入推进抚州生态产品价值实现机制试点，加快国家生态补偿试点建设，大力发展生态农业、生态旅游、大健康等绿色生态产业。

健全财政资金与生态环境质量和生态价值转化挂钩激励机制，完善生态产品价值核算体系、生态资源市场体系、多元化生态补偿体系，努力打通绿水青山与金山银山双向转化通道。加快培育航空、电子信息、装备制造、中医药、新能源、新材料六大优势产业。加快推进 5G 商用和"03 专项"试点，争创国家数字经济创新试验区。加快传统产业优化升级，加快九江长江经济带绿色发展示范区建设，建设一批绿色工厂、绿色园区、绿色项目，积极创建国家产业园区绿色升级试点。加快推进排污权、碳排放权、用能权、水权等环境权益交易，争取国家在江西省组建区域性环境权益交易中心。

加快赣江新区绿色金融改革创新试验区建设，深化产融合作、普惠金融、开发区金融等创新，不断完善绿色金融服务体系。

第二节　宜居环境构建

"绿树村边合，青山郭外斜""人闲桂花落，夜静春山空"，千百年来，描写乡野田园风光的古诗数不胜数，无数文人墨客妙笔生花为我们描绘了令人向往的世外桃源。然而近年来，随着城镇化进程的不断加快，村庄在衰落和凋敝，乡村的活力正在不断下降。党的十九大以来，习近平总书记关于实施乡村振兴战略发表了系列重要讲话，向所有人强调了乡村振兴的重要性。如何构建生态宜居环境，如何实现乡村振兴，如何守住人们内心最初的向往，成为摆在大家面前的迫切问题。

一、乡村宜居环境建设

（一）农村人居环境整治成重中之重

江西高度重视农村人居环境整治工作，把整治农村人居环境作为"三农"工作的重中之重。近日，江西省委、省政府对省委农村人居环境整治领导小组组成人员进行调整，由省委书记担任领导小组组长、省长任第一副组长。按照"精心规划、精致建设、精细管理、精美呈现"的要求，抓好农村人居环境三年整治行动，持续改善农村基础设施和公共服务，切实加强农村生态环境保护，确保到 2020 年实现农村人居环境明显改善。

完善领导小组工作机制，建立健全信息调度、统计报表、督导评估、通报约谈等工作制度。将制定出台农村人居环境整治"1+8"政策文件，即对《江西省农村人居环境整治三年行动实施方案》进行修改完善，形成一个江西省总体实施意见；对标中央明确的职责分工，出台 8 个专项行动方案（村庄清洁行动、畜禽养殖废弃物资源化利用、村庄环境长效管护机制、农村"厕所革命"、农村生活垃圾治理、农村生活污水治理、村庄规划编制和"四好农村路"建设）。

当前，江西省农村人居环境整治工作有序推进，取得阶段性成效。根据相关部门统计，江西省累计完成 14 万余村组村庄整治建设，90% 以上村庄生活垃圾得到有效处理并顺利通过国家验收，77.7% 的农户完成无害化卫生厕所改造，畜禽养殖废弃物资源化利用率达 77%，部分乡（镇）和村组梯次推进了农村生活污水处理设施建设。一些地区在工作实践中，积极创新推进方式，有 45 个县成立新农村建设促进会参与新农村建设等农村人居环境整治，有 43 个县开展城乡生活垃圾"全域一体化"第三方治理；11 个设区市都大力开展了城乡环境整治提升，工作成效明显。下一步，江西省将坚持"精心规划、精致建设、精细管理、精美呈现"的理念，围绕让农村"美"起来，按照"连片推进、更高质量、生态宜居、长效管护、社会参与"的思路，坚决打好农村人居环境整治攻坚战。

一是分类连片推进，持续抓好 2 万个左右自然村组整治建设。第一档村组，按照村庄清洁行动的要求，加强整治建设，确保村容村貌干净整洁；第二档村组，对照"七改三网"标准，让相当一部分村组提档升级；第三档村组，着力建设一批精美的田园乡村、文化古村、休闲旅游乡村、现代宜居乡村。

二是更高质量，全面启动 30 个左右美丽宜居县试点建设。坚持高起点规划设计、高标准建设施工、高质量连片实施，开展 30 个左右美丽宜居县的试点建设，并将 11 个农村人居环境整治试点县全部纳入其中。

三是生态宜居，统筹推进各项重点任务落实。坚持"统筹协调、部门主抓，由点到面、分类指导，农民参与、提升水平"的工作推进机制，制定农村人居环境整治"1+8"专项行动方案，把农村人居环境整治引向深入。

四是长效管护，积极探索村庄环境长效管护机制。学习先进发达地区有益经验，选择 11 个县和一批村庄，开展村庄环境长效管护机制建设试点示范，推动村庄长效管护取得实质性、突破性进展。

五是社会参与，广泛调动农民群众和社会力量参与。重点抓平台建设，坚持村抓村民理事会、县抓新农村建设促进会，积极发挥农民主体作用。选树一批新乡贤典型，示范带动社会各界投身农村人居环境整治。

（二）走出具有江西特色的乡村振兴之路

实施乡村振兴战略，是以习近平同志为核心的党中央做出的重大决策部署，对于加快农业农村现代化、巩固党在农村的执政基础、实现"两个一百年"奋斗目标，具有十分重大的意义。坚持以习近平新时代中国特色社会主义思想为指导，把实施乡村振兴战略作为新时代江西"三农"工作的总抓手，按照"产业兴旺、生态宜居、乡风文明、治理有效、生活富裕"的总要求，抢抓机遇、积极作为，努力走出一条具有江西特色的乡村振兴之路。

建设产业兴旺的富裕乡村，产业是推进农业农村现代化的主抓手，产业兴旺是乡村振兴的重点。深入推进农业供给侧结构性改革，调整优化农业产业结构，积极推动农业高质量发展，促进农业大省向农业强省转变。调优结构。大力实施"藏粮于地、藏粮于技"战略，因地制宜打好高标准农田建设"组合拳"，提高粮食综合生产能力，巩固全国粮食主产区地位。启动优质稻、蔬菜、果业、茶业、水产、草食畜牧业、中药材、油茶、休闲农业与乡村旅游等农业结构调整九大产业发展工程，形成有较强市场竞争力的特色农业产业。加快农村一、二、三产业融合，以现代农业"百县百园"建设为抓手，着力打造集生产、加工、物流、销售和服务于一体的农业全产业链，提高农业整体效益。调新业态。强化农业科技创新，加快先进适用农业科研成果转化，推动农业由增产导向转向提质导向。大力发展"互联网＋现代农业"，深入推进"123+N"智慧农业建设。实施休闲农业和乡村旅游提质扩面工程，建设一批设施完备、功能多样的休闲观光园区、森林人家、康养基地、乡村民宿、特色小镇，打造一批在全国叫得响的示范基地。推进农产品电子商务发展工程，加快推进农村流通现代化。大力发展绿色农业、特色农业和品牌农业，保护地理标志农产品，重点打造"四绿一红"茶叶、江西茶油、江西大米、鄱阳湖水产、江西果业、赣南脐橙等绿色有机品牌，构建"从田头到餐桌"的农产品质量安全监管体系，加大对外推介营销力度，提升"生态鄱阳湖、绿色农产品"品牌影响力，努力打造全国知名的绿色有机农产品供应基地。调活经营。加快推进全国新型职业农民培育整体推进试点省建设，实施农民合作社、家庭农场和种养大户等新型经营主体质量提升工程，着力构建新型农业经营体系，提升小农户组织化程度。深化农业农村改革，用好确权登记颁证成果，加快土地经营权有序规范流转，发展多种形式的适度规模经营。鼓励村集体经济组织以统一租赁、入股等多种方式发展村集体经济，培育壮大村级集体经济。有序推进农村集体经营性资产股份合作制改革，推动资源变资产、资金变股金、农民变股东，充分调动广大农民的积极性和创造性。

建设生态宜居的美丽乡村，良好的生态环境和村容村貌是农村文明程度的直观体现，也是美丽乡村的基本特征。持续推进"整洁美丽，和谐宜居"新农村建设，努力实现村美景美人更美，建设生态宜居的美丽乡村。做实"整治"文章。深入推进新农村建设行动规划，到2020年基本完成所有宜居保留村组村庄整治。加大城乡环境综合整治力度，深入开展违法建设专项治理，推进农村"厕所革命"，推进农村生活垃圾治理和农村生活污水治理，推进农业面源污染防治，推进农村建房管控和风貌塑造，确保有新村更有新貌。做细"四精"文章。大力开展美丽宜居乡村"四精"工程，做到精心规划、精致建设、精细管理、精美呈现，打造一批田园乡村、文化古村、休闲旅游乡村、现代宜居乡村，形成"连点成线、拓线扩面、突出特色、整片推进"的建设格局，确保建一片成一片美一片，形成山清水秀、天蓝地绿、村美人和的田园风光。做好"生态"文章。加强生态环境保护，实施造林绿化与退耕还林、森林质量提升、湿地保护与恢复、生物多样性保护等生态工程，开展生态鄱阳湖流域建设，保护好山脉、森林、水系、湿地等生态资源。推行绿色生产方式，深入实施化肥农药零增长行动，积极开展秸秆综合利用、农膜回收处理等试点，推进以沼气为纽带的生态循环农业发展，实现投入品减量化、生产清洁化、废弃物资源化、产业模式生态化。

建设安居乐业的幸福乡村，提高广大农民的生活质量和水平是乡村振兴的根本目的。加快农民脱贫致富步伐，改善农民生产生活条件，促进公共资源配置向农村倾斜，持续增进农民群众福祉。打好精准脱贫攻坚战。聚焦深度贫困村和特殊贫困人口，严格执行"两不愁、三保障"标准，抓好产业扶贫、易地搬迁扶贫、就业扶贫、教育扶贫、健康扶贫等措施，下足"绣花"功夫，层层压实责任，注重激发贫困群众内生动力，确保如期实现脱贫目标。把提高脱贫质量放在首位，对标对表中央要求，一项一项抓好落实，确保脱真贫、真脱贫、不返贫。大力弘扬文明新风。加强农村文化阵地建设和管理，深入挖掘优秀传统农耕文化蕴含的思想观念、人文精神、道德规范，推动社会主义核心价值观转化为广大农民的自觉习惯。丰富农村文化生活，建设好农村书屋、农村文化广场，培育挖掘乡土文化人才，展现乡村优秀传统文化在新时代的魅力和风采。持续推动移风易俗，培育文明乡风、良好家风、淳朴民风，提高乡村社会文明程度，焕发乡村文明新气象。加快完善乡村治理体系。加强农村基层党组织建设，选优配强农村"两委"班子，打造坚强的农村基层党组织。深化村民自治实践，加强村民理事会等群众性自治组织建设，引导农民商量办好自己的事。深化农村治安防控体系建设，深入开展扫黑除恶专项斗争，依法严厉打击农村黑恶势力及各类违法犯罪活动，确保乡村社会充满活力、安定有序。

实施乡村振兴战略，关键在党，关键在人。切实加强和改善党对"三农"工作的领导，健全完善党委统一领导、政府负责、党委农村工作部门统筹协调的农村工作领导体制，实行省市县乡村五级书记共抓乡村振兴。大力招才引智育才爱才，吸引各类人才"上山下乡"，深入推进"一村一名大学生工程"，大力培育新型职业农民，扎实做好"大学生村官""三支一扶"、农技人员等农村基层人才培养，让年轻人成为现代农业经营的主力军，打造一支强大的乡村振兴人才队伍，奋力谱写新时代乡村振兴的江西篇章。

二、城市宜居环境建设

城市是经济社会发展和人民生活的重要载体，是现代文明的标志。改革开放以来，省委、省政府高度重视城市规划建设管理工作。江西省城市规划、建设、管理体系基本形成，基础设施建设力度不断加大，城市功能日益完善，公共服务能力和城市管理水平持续提升，人居环境极大改善，城市对经济社会发展和增进人民福祉发挥了重要的支撑引领作用。但是，在城市规划建设管理工作中也存在一些不容忽视和亟待解决的问题：城市规划前瞻性、公开性、严肃性、强制性不够，各类规划统筹协调不够；城市建设缺乏特色、功能不全、品位不高，公共服务供给能力不足，交通拥堵等各类"城市病"蔓延加重；城市管理体制不顺、职责不清、服务不优，依法治理、规范管理、精细管理仍有较大差距。

深入贯彻落实党的十八大和十八届三中、四中、五中全会及中央城镇化工作会议、中央城市工作会议和习近平总书记系列重要讲话精神，坚持以创新、协调、绿色、开放、共享五大发展理念引领城市发展，尊重城市发展规律，转变城市发展方式，着力增强发展活力，着力完善城市功能，着力提升质量品位，着力塑造特色风貌，着力优化人居环境，着力创新管理服务，走出一条具有江西特色的城市发展道路，为江西省"发展升级、小康提速、绿色崛起、实干兴赣"，打造美丽中国"江西样板"做出新贡献。

（一）加强城市规划工作

科学制定城市规划。创新城市规划理念，改进规划方法，把以人为本、尊重自然、传承历史、绿色生态等理念融入城市规划全过程，提高规划的前瞻性、科学性和连续性。按照限定城市边界、节约集约用地、优化空间结构的思路，科学编制城市总体规划，引导调控城市发展规模，调整城市用地结构，确定城市建设约束性指标，保证生态用地，合理安排建设用地。科学编制城市地下空间开发利用规划，合理开发利用地下空间，加强人防工程建设。控制性详细规划编制必须符合城市总体规划要求，不得擅自调整城市总体规划确定的强制性内容。县城、重点镇规划应当按城市标准执行。

全面推进"多规合一"。加快推进国民经济和社会发展规划、城市总体规划、土地利用总体规划、生态环境保护规划等"多规合一"，把相关规划对空间管控的要求落实到"一张蓝图上"，努力实现一张蓝图干到底。建立市（县）"多规合一"信息管理平台，以信息平台为依托，形成多部门协同生成项目、协同实施行政许可的工作机制，推行"一张表"并联审批，提高行政审批效率。积极推进江西省空间规划编制，实现规划全覆盖。

严格依法实施规划。经依法批准的城市规划是城市建设和管理的依据，必须严格执行。进一步强化城市总体规划的严肃性和强制性，城市政府应当每两年对城市总体规划实施情况进行评估，并向同级人大常委会报告。城市总体规划的修改必须保证强制性内容的延续性，必须经原审批机关同意。控制性详细规划是规划实施的基础，未编制控制性详细规划的区域，不得进行建设。严控各类开发区设立和扩区调区，凡不符合城镇体系规划、城市总体规划和土地利用总体规划进行建设的，一律按违法处理。严禁违规变更用地性质和调整容积率。严禁将城市规划管理权下放至下辖的区、各类开发区和城市新区，已下放的必须在 2016 年底前收回。城市政府要依法设立城市规划委员会，对涉及城市规划编制和实施的重大事项进行审议。严格执行城市规划公示公开制度，加强规划实施的社会监督。设区市逐步建立城市总规划师制度，对各类城乡规划编制审批和重大建设项目决策进行技术把关。

严肃追究违规责任。城市规划编制及修改、容积率调整和用地性质变更等重大城市规划决策，严格执行公众参与、专家论证、风险评估、合法性审查、集体讨论决定重大行政决策法定程序。建立重大城市规划决策合法性审查机制，未经合法性审查或经审查不合法的，不得提交讨论。建立重大城市规划决策终身责任追究制度，凡是违反规划的行为都要严肃追究。强化城乡规划督察员制度，规划督察意见书提出的问题必须认真整改、限时办结。加快启动遥感监测辅助规划督察工作。建立违反城乡规划重点案件核查和挂牌督办制度，对规划实施问题突出的城市政府主要负责人进行约谈和问责。

依法打击违法建设。加快建立城市违法建设执法查处机制，强化属地管理，明确职责分工。城市规划、城市管理执法部门、公安、监察机关等要各司其职，形成合力，依法严厉打击违法建设行为。力争用 3 年左右时间，全面清查并处理城市建成区违法建设，依法整治乱搭乱建、超期临建等违法建筑，坚决遏制新增违法建设，将违法建设清查工作纳入地方政府年度考核。

（二）塑造城市特色风貌

全面开展城市设计。城市设计是落实城市规划、指导建筑设计、塑造城市特色风貌的有效手段。大力提高城市设计水平，将城市设计纳入城市规划编制和实施管理重要内容。城市总体规划编制阶段应同步编制城市总体设计，统筹城市建筑布局，协调城市景观风貌，体现城市地域特征、民族特色和时代风貌。城市中心区、重点地段、城市新区等城市重点区域应当编制区段城市设计，明确空间形态、景观风貌、环境品质等控制和引导要求，并纳入控制性详细规划，在土地出让或划拨时列入规划条件。单体建筑设计方案必须在风格、形体、色彩、体量、高度等方面符合城市设计要求。

强化建筑设计管理。按照"适用、经济、绿色、美观"的建筑方针，突出建筑使用功能以及节能、节水、节地、节材和环保。建筑设计应充分体现地域特征、山水特色、文化元素，防止建筑"贪大、媚洋、求怪"。强化公共建筑和超限高层建筑设计管理，探索建立大型公共建筑设计后评估制度。坚持开放发展理念，完善建筑设计招投标管理办法。培育和规范建筑设计市场，依法严格实施市场准入和清出。注重培养优秀本土建筑师队伍，明确建筑师权利和责任，提高建筑师地位，充分发挥建筑师在建筑设计中的主导作用。各级领导干部要尊重建筑设计科学，尊重专家意见，树立正确的政绩观。

传承历史文脉风貌。全面开展城市历史文化遗存普查和抢救性保护工作。城市旧城更新和棚户区改造，要加大保护历史文化遗存力度，建立健全保护和利用工作机制。历史文化名城要成立保护委员会，制定出台保护管理办法，编制完成保护规划，确定历史文化街区，划定保护紫线范围。城市规划、文物等部门要按照职责切实履行保护和管理责任。到2020年，完成江西省历史文化街区核定公布和历史建筑确定工作，完成历史文化街区保护规划编制，制定保护措施，对历史建筑进行登记造册、归档管理和挂牌保护。城市政府要将历史文化街区和历史建筑保护经费纳入本级财政预算。

彰显城市山水特色。按照城市与自然山水相融合、与人文历史相呼应的原则，加快编制城市空间特色专项规划，确定城市水系网络和绿地系统，促进建筑物、街道立面、天际线、色彩和环境更加协调、优美。严格执行城市"三区四线"规划管理，以地方立法形式确定和公布城市"蓝线"和"绿线"，任何单位和个人不得擅自调整和修改。严禁在城市"绿线""蓝线"以及禁止建设区范围内进行开发性建设，切实加强城市自然山水原生态保护，做足显山露水文章。

（三）提升城市建筑水平

规范建筑市场秩序。完善建筑市场秩序和市场监管机制，精简建筑领域行政审批事项，提高审批效率。深化建设项目组织实施方式改革，积极推进工程总承包模式。推行工程担保制度，充分发挥银行保函、专业担保公司保证、建设工程保险等市场机制，建立合理的工程风险防范机制。加大建筑市场监管和清出力度，严厉查处转包和违法分包等行为。强化政府投资项目的审计、资金拨付监督。完善建筑市场与诚信信息一体化平台，建立失信企业和人员"黑名单"制度，加大惩戒力度。

严格建筑质量管理。树立质量意识，严格执行基本建设程序，落实建设、勘查、设计、施工和监理单位五方主体及项目负责人的工程质量责任，实行工程质量终身责任追究制度。强化政府对工程建设全过程的质量监管，充分发挥施工图审查机构、工程监理和质量监督机构的作用。大力推行工程质量行为管理和工程实体质量控制标准化，强化建筑工程质量检测监管。加强建筑企业资质动态监管。加强建筑领域职业道德规范和职业技能培训。推动建筑企业科技创新，打造"江西建设"品牌。

加强建筑安全监管。实施工程全生命周期风险管理，建立安全预警及应急控制机制。切实加强建筑领域安全监管，重点抓好房屋建筑、城市桥梁、隧道、斜坡（高切坡）、玻璃幕墙等安全监管。建立城市建筑安全管理长效机制，加强对老旧建筑改扩建、装饰装修、排险加固等工程的安全监管。加大安全隐患排查力度，建立房屋安全管理档案。加强老楼危房隐患排查整治，防止发生房屋垮塌等重大事故，保障人民群众生命财产安全。对整改不力导致垮塌伤亡事故的，依法严肃追究责任。对需要拆除、改扩建、综合整治的危险房屋，应优先纳入棚户区改造计划。

加快装配式建筑发展。大力推广标准化设计、工厂化生产、装配化施工、信息化管理、智能化应用、一体化装修的装配式建筑，促进建筑产业转型升级。发展装配式建筑部品产业，创建国家级装配式建筑产业基地。推广装配式预制混凝土结构、钢结构建筑，在具备条件的地方倡导发展现代木结构建筑。逐步提高装配式建筑在工程项目中的应用比例，政府投资建筑工程中率先采用装配式建筑。力争用 10 年左右时间，使装配式建筑占新建建筑的比例达到 50%。

强力推进绿色建筑。因地制宜推广建筑节能技术，全面推进绿色建筑发展。到 2020 年，绿色建筑占城镇新建建筑比例达到 50%。政府投资项目、公益性建筑和保障性住房全面执行绿色建筑标准。推进绿色建筑区域示范。支持和鼓励结合本地资源和气候特点，在建筑中推广应用地源热泵、水源热泵、太阳能光伏发电等可再生能源技术。完善绿色建筑和绿色建材评价体系。加大财税金融政策支持建筑节能和绿色建筑发展力度，积极引导社会资本参与建筑节能改造与绿色建筑发展。

（四）增强城市承载能力

构建畅通交通体系。加强城市交通规划和管理，开展交通设计。树立"窄马路、密路网"的城市道路布局理念，建设城市快速路、主次干路和支路级配合理的道路网系统，加密城市支路网，打通各类"断头路"。到 2020 年，城市建成区平均路网密度提高到 8 千米 / 平方千米以上，道路面积率达到 15% 以上。新建住宅要推广街区制，原则上不再建设封闭住宅小区。对分隔阻断城市道路的封闭住宅小区和单位大院，要探索逐步打开的可行方案。倡导绿色出行，加强步行和自行车道系统建设，大力推进新能源汽车充电设施建设。优先发展城市公共交通，实行城市公交免费换乘政策。到 2020 年，大城市公共交通分担率达到 30% 以上，中小城市达到 20% 以上。加快城市公共停车场建设，合理配置停车设施，鼓励社会参与、放宽市场准入，逐步缓解停车难问题。

建设地下综合管廊。加快编制地下综合管廊建设规划，积极实施城市地下综合管廊建设。充分利用城市地下空间和人防工程，建设地下综合管廊，统筹各类管线设置，规划入廊管线不得在廊外另行敷设，既有管线应根据实际需要结合管线改造逐步迁移至综合管廊。管廊实行有偿使用，省发改委会同有关部门制定指导意见，引导形成合理收费机制。推广运用政府和社会资本合作（PPP）模式，鼓励社会资本参与城市地下综合管廊建设和运营。完善管廊管理制度，确保管廊正常运行。

加强公用设施建设。加快城市供水、污水、雨水、燃气、环卫等公用设施建设。积极推进城乡统筹区域供水，加强城镇供水老旧管网改造，切实降低供水管网漏损率。加快推进新城区雨污分流建设，逐步推进老城区雨污分流改造，强化污水处理厂运行保障，积极推进污泥处置和综合利用设施建设。加快鄱阳湖生态经济区域污水处理厂的提标改造。做好城市燃气气源转换工作，提高城镇燃气管道供气普及率。大力推进城市无障碍设施建设。

完善城市公共服务。优化城市公共服务功能布局，合理确定建设标准，配套完善教育、医疗、体育、文化、科技、养老、菜市场等功能服务。加快推动公共图书馆、规划展示馆、文化馆（站）、博物馆、科技馆、历史纪念馆免费向全社会开放。加强社区服务场所建设，形成以社区为基础，市、区级衔接配套的公共服务体系。积极推进农民工市民化，稳步推进城镇基本公共服务常住人口全覆盖。

（五）改善城市生态环境

推进海绵城市建设。加快编制海绵城市建设专项规划，将海绵城市建设要求落实到城市规划编制和项目建设全过程。新建城区、园区和成片开发区要全面实施海绵城市建设。老城区、棚户区和危旧房改造、城市道路、园林绿化改建、水系治理等要同步实施海绵城市建设。大幅度减少城市硬覆盖地面，推广透水建材铺装，大力建设雨水花园、储水池塘、湿地公园、下沉式绿地等雨水滞留设施，实现雨水自然积存、自然渗透、自然净化，缓解雨洪内涝压力，促进水资源循环利用。

加强公园绿地建设。推进城市公园、湿地公园、郊野公园、森林公园、带状河道绿地等各类公园绿地建设。结合旧城改造建设街头绿地、游园，最大限度增加旧城区绿量，促进城市绿地均衡布局，进一步提高城市人均公园绿地面积和城市建成区绿地率。因地制宜配置体育健身设施，规划建设社区体育公园。改造现有城市公园绿地，增加公园绿地防灾避险、雨水吸纳功能，提高城市公园文化品位。确定各类公园的面积和边界并向社会公布，任何单位和个人不得侵占。

推进城市"双修"工作。积极开展城市生态修复、城市修补工作，有计划有步骤地推进城市"双修"。各城市要抓紧开展城市生态评估，制定并公布生态修复实施方案。加快修复被破坏的山体、河流、湖泊、湿地、植被，治理污染土地，逐步恢复城市自然的风道、水道，构建城市绿道，改善城市自然生态系统。有序实施城市修补和有机更新，解决老城区环境品质下降、空间秩序混乱、历史文化遗产损毁等问题，通过修缮古建筑、维护加固老建筑、改造利用旧厂房和完善基础设施、增加各种公共服务设施、公共绿地，恢复老城区功能和活力。

加强垃圾综合治理。树立垃圾是重要资源和矿产的观念，建立政府、社区、企业和居民协调机制，通过分类投放收集、综合循环利用，促进垃圾减量化、资源化、无害化。到2020年，力争将垃圾回收利用率提高到35%以上。积极推进城市生活垃圾分类减量试点和餐厨废弃物处置工作，鼓励发展垃圾焚烧发电，支持有条件的城市推广水泥窑协同处理生活垃圾技术。通过限制过度包装，减少一次性制品使用，推行净菜入城等措施，从源头上减少垃圾产生。统筹建设城乡和区域生活垃圾处理设施。推行建筑废弃物集中处理和分级利用，加强建筑垃圾回收利用，完善价费机制和鼓励政策，用 5 年左右时间，基本建立政府引导、市场为主的建筑垃圾回收和再生利用体系。

推进污水大气治理。加快城市污水处理设施建设与改造，全面加强配套管网建设。到 2020 年，设区市城市建成区力争实现污水全收集、全处理，县级城镇建成区污水收集率达 90% 以上。全面推进大气污染防治工作，加快调整城市能源结构，增加清洁能源供应。坚决淘汰黄标车和 10 蒸吨以下小锅炉，强化施工工地扬尘治理，严禁渣土车敞开运行。提高环境监管能力，加大执法力度，严厉打击各类环境违法行为。倡导文明、节约、绿色的消费方式和生活习惯，动员全社会参与改善环境质量。

（六）加强人居环境建设

加快推进棚改安居。深化城镇住房制度改革，以政府为主保障困难群体基本住房需求，以市场为主满足居民多层次住房需求。大力推进城镇棚户区改造，加快城中村改造，有序推进老旧住宅小区综合整治、危房和非成套住房改造，切实解决群众住房困难。推行棚户区改造货币化安置，货币化安置比例不低于 50%。创新棚户区改造体制机制，实施政府购买棚改服务，推广政府与社会资本合作模式，构建多元化棚改实施主体，发挥政策性金融和开发性金融支持作用。到 2020 年，基本完成现有的城镇棚户区、城中村和危房改造。提高保障性住房入住率，降低准入门槛，完善准入退出机制。

加强老旧城区改造。按照科学规划、系统改造、分步实施的原则，制定老旧城区改造计划。对 5 年内不符合拆旧建新条件的老旧小区，重点改造地下管网、电线电缆、路面场地、房屋立面、路灯照明和安全设施等，改善居住条件和人居环境，完善功能，提升品质。加强背街小巷改造，整治沿街外立面，解决路不平、灯不明、乱拉乱披乱挂等问题，保持街面干净整洁美观。优化老城区公共空间，重要节点留白植绿，增加居民生活休闲空间。

加强社区物业管理。城市房管部门要切实加强对物业管理的依法监管。街道要强化物业管理属地职责，加大社区用房的配套建设和改造力度。物管企业要履行企业责任，提供优质服务。进一步提高房屋维修基金使用效率，提高老旧居民区物业管理覆盖率和管理水平。推进专业化、标准化的物业服务，不断提高物业管理服务水平。

开展城市环境整治。深入开展江西省城市市容环境专项治理，下大力气整治城市黑臭水体，整治城市街景立面和户外广告牌匾，整治城市经营秩序，整治城市交通秩序，努力解决城市"脏乱差堵"等突出问题，为市民创造干净卫生、漂亮整洁、舒适宜人的居住环境，提高人民群众满意度。

第三节　资源持续发展

资源环境与社会经济是人类社会大系统中对立统一的两个矛盾体，二者相互制约、相互促进。一方面，资源环境系统是社会经济系统物流、能流的来源，社会经济系统是资源环境系统物流、能流持续流动的保证。社会经济发展以利用资源和环境为基础，开发资源、治理污染和保持良好的生态环境需要社会经济的发展来提供技术和资金支持。另一方面，社会经济系统的发展要消耗资源，对环境带来不利影响，会破坏资源环境系统的平衡，资源环境系统的失衡又会削弱社会经济系统的发展。任何形式的经济发展都在消耗着大量的资源，而且每年的消耗量随着经济的增长而增长，或者说一定量的经济产值总是对应着一定量资源环境的消耗。然而，一定时间内一定技术条件下生态系统所能提供的资源环境，包括环境承载力、环境自净能力、资源存量等是有限的，一定资源、环境的消耗在产出一定的经济利益时，也同时意味着要产生一定量的资源环境的破坏和污染。

发展不只是一种经济的连续增长，而是一种以全人类的全面发展为目标的经济社会、资源环境的可持续发展，包括资源环境合理利用与保护；发展不仅是数量的增长，还包括不断提高生产潜力，追求经济发展的质量。因此，经济发展以保护自然为基础，不能超越资源与环境的承载能力，不能损害支持地球生命的自然系统，不以牺牲后代人的经济利益为代价来满足当代人的经济利益。可持续发展的经济增长必须是在保证资源环境的可持续利用基础上寻求经济利益最大化的经济增长，是同资源环境的约束与反约束的共轭演进的过程。资源的消耗和资源安全问题始终是可持续发展及其关注的核心。长期以来，江西资源消费中的一个突出特点就是低品位、低质量、高污染的资源消费量大，人们不得不担忧高速度的消耗导致资源耗竭和物质短缺。所以，合理配置各种资源，最大限度地承载人类社会经济活动，实现经济发展、社会进步与资源开发、环境保护协调一致，并不断提高人类社会大系统的有序程度，达到最和谐、最优化和整体效益最大化，走一条科技含量高、经济效益好、资源消耗低、环境污染少、人力资源优势得到充分发挥的新型工业化的路子是江西经济发展的必然选择。

一、江西省生态资源开发存在问题

（一）土地资源

江西省土地面积 166947 平方千米，折合 2.5 亿亩（1 亩 =0.067 公顷），人均占有土地 6.4 亩，为全国人均 12.8 亩的 50%。主要用地类型为：耕地 20.81%，园地 1.17%，林地 62.97%，牧草地 0.02%，居民点及工矿用地 3.31%，交通用地 0.71%，水域 7.26%，未利用土地 3.75%。随着人口的增加和退耕还林（生态减地），江西省人均土地由 1.27 公顷下降到人均土地仅为 0.4 公顷，仅为世界人均拥有土地的 12.1%，是全国人均拥有土地的 45.9%。城镇建设用地扩张、农村居民点建设用地超标、土地开发以及规划热对土地征而不用、农业比较效益低下导致农田弃耕撂荒，2000 年江西省撂荒面积为 65 万亩，占江西省现有耕地的 2% 左右，其中季节性撂荒占撂荒面积的 80%。耕地质量总体上欠佳，其中低产田、中产田分别占江西省耕地面积的 23.2% 和 55.0%。在土地利用结构上，江西省园地比重小，低于全国平均水平，说明江西省丰富的低丘山岗未能得到充分利用；牧草地面积占土地总面积小，显示了以牧草地为依托的畜牧业在江西尚未形成规模；城镇村与工矿用地高于全国的平均水平的 1.88%，其中农村居民点用地偏大，不利于土地的有效利用；北部水域面积较宽，但开发利用比重小、大部分水面还停留在十分粗放的利用阶段，精养水面所占比例极低；交通用地远低于经济发达地区，成了江西省经济发展的"瓶颈"；土地开垦程度高，绝大部分土地已被不同程度地开发利用，后备资源少。土地污染日益加重，工业"三废"滥排滥放，化肥、农药的大量使用，森林植被和矿产资源掠夺性开发利用及保养不利等，导致土地质量下降，土壤退化、土壤沙化。江西省是我国南方水土流失严重的省份之一，水土流失面积达 410.4 万公顷，占江西省总面积的 24.59%，其中 1/3 以上的地区属于大强度水土流失区，每年水土流失量达 0.24 亿吨，大部分流失量沉积在鄱阳湖和入湖的五大河流，导致江西省河床的泥沙淤积、河床提高、航道弯短、洪涝灾害频繁，损失巨大。

（二）矿产资源

江西省已发现各类矿产 160 种（以亚类计）。查明储量的有 101 种，潜在价值达 15642 亿元。在对国民经济建设具有重大影响的 45 种矿产中，江西省就有 36 种，其中名列全国首位的有 12 种，居全国第二位的有 9 种，资源储量居全国前十位的有 53 种，江西省已利用矿种 75 种。条块分割、多层分级的管理体制，制约矿业结构调整和规模化、专业化发展。采、选、冶工艺技术落后，管理粗放等原因，矿产资源利用水平不高，资源浪费严重，矿产资源总回收利用率为 30%～50%，比发达国家低 10～20 个百分点，而共、伴生矿的综合利用只占总量的 1/3，综合回收率不到 20%。金银矿业尤其是非金属矿业发展缓慢，资源优势未得到应有的发挥，矿产品结构单一，矿产资源开发仍处在提供矿产品原料的水平上，深加工产品少，技术附加值低，多数非金属矿产尚未规模开发，高纯度、精细产品几乎为零，产业链短。矿产资源形势严峻，新发现矿产地明显减少，后备基地十分紧缺，主要矿产资源可采储量多年呈负增长，可利用的矿产储量严重不足，接替资源严重短缺，一些优势矿产面临失去优势，一些重要矿山因资源枯竭正处于减产或即将关闭的困境。矿山生态环境问题严重，已破坏土地及植被面积达 1870 平方千米，占省域国土面积的 1.09%，局部出现了大面积水土流失及沙（石）漠化，采矿还频频引发地面塌陷、地裂缝、滑坡和泥石流等地质灾害，构成了对人畜及农作物的危害，矿产的开发对森林资源、水资源造成严重的破坏。

（三）水资源

江西省境内水系发达，河流纵横，湖泊水库星罗棋布。江西省共有大小河流 3700 余条，其中，100 千米以上的河流 451 条。主要河流有赣江、抚河、信江、饶河、修水五大河流，均汇入鄱阳湖，经湖口注入长江，形成完整的鄱阳湖水系，湖口站以上集雨面积为 162225 平方千米，其中，境内面积 156977 平方千米，占江西省总面积的 94%。江西省蓄水能力 293 亿立方米。

江西省多年平均水资源总量为 1422 亿立方米，居全国第七位。以 2002 年为例，江西省水资源总量为 1983.26 亿立方米，地下水资源量 481.08 亿立方米。总供水量 202.29 亿立方米，江西省总用水量为 19875 亿立方米。江西省降水量，时空分布不均，差异较大。北部大于南部，东部大于西部，省境周边山区多于中部盆地：4—6 月是江西省降水量最集中的季节，约占全年降水量的 45% ~ 50%，而 7—9 月降水量偏少，占全年的 20% 左右。供水量（地表、地下）增加，总用水量逐年增加，供水、用水量基本持平，水资源相对紧缺：随着工业总产值和人口的增长，工业用水、农业用水、生活用水量也相应增加，综合总耗水量增加，占总用水量的比例加大，2002 年万元国内生产总值用水量为 870 立方米，比 2001 年全国平均水平高出 190 立方米，水资源总量利用率仅为 6%，水资源大量浪费，开发利用程度较低，水污染事故仍较严重。

（四）森林资源

江西省高等植物 4800 余种，其中木本植物 2000 余种；有国家一级保护动物 22 种，二级保护动物 67 种；已建立各级自然保护区 111 处，自然保护小区 5000 余处，保护面积 96 万公顷；现有省级以上国家森林公园 63 处，总面积 25 万公顷；有林地面积 950 万公顷，活立木蓄积 2.9 亿立方米，森林覆盖率高达 59.7%，位居全国第二；实施了以山江湖综合开发治理工程为主线，先后启动了长江防护林工程、平原绿化工程、防沙治沙工程、京九绿长廊工程、中德合作造林工程等一批生态林业工程，营造生态公益林 130 万公顷。江西省林业结构不太合理，用材林比重较大，薪炭林次之，经济林和防护林占林地比重小。阔叶林比例偏低，森林生态环境功能得不到充分的发挥。森林质量不高，虽然有林地面积大，森林覆盖率高，但林分大多属于中幼龄林，单位面积蓄积量偏低，人均森林蓄积量为 5.434 立方米，但低于全国的 9.048 立方米。林分单位蓄积量为 32 立方米 / 公顷，低于南方集体林区及全国的平均水平，森林生长量小，可采的成过熟林资源少，林业产值仅占农林牧渔业总产值 6.0%。森林资源分布不均匀，集中在境内河流中上游，森林采伐量大，防护功能减弱。天然林多为天然残次林，且天然林林分多为粗放经营与管理。野生经济植物资源丰富，但被开发的野生经济植物资源种类很少，且极少形成规模生产。森林旅游资源丰富，但旅游产品开发滞后，缺乏宣传和建设资金，森林旅游资源浪费严重。

二、资源枯竭城市的可持续发展建议

根据江西省委办公厅、省政府办公厅、省政协办公厅关于《2016 年度省政协协商工作计划》安排，省政协组织相关提案者和部分委员，在省发改委、财政厅、国土厅等单位的支持配合下，就"资源枯竭城市转型发展"开展了提案办理调研和协商活动。由省政协副主席、党组副书记姚亚平为组长的专题调研组，赴萍乡、新余、景德镇、大余四个省内资源枯竭城市调研，并到河南省焦作市学习考察。针对省内资源枯竭城市转型发展存在的突出问题，调研组提出了有针对性的改进意见和建议。

自 2008 年国家实施资源枯竭城市转型发展战略以来，江西省萍乡、景德镇、新余和大余三市一县分别于 2008 年、2009 年、2011 年，被列为第一批、第二批、第三批资源枯竭城市。

截至 2015 年底，中央和省财政共安排专项转移支付资金补助 60.1 亿元，其中省财政补助 2.58 亿元，主要用于扶持四个资源枯竭的市（县）产业结构调整、增加就业、改善人居条件、补充社会保障、改善生态环境、维护社会稳定等。

结合江西实际，省政府出台了《关于支持资源枯竭城市转型和可持续发展工作意见》（赣府厅字〔2011〕68 号），提出了 2015 年、2020 年的转型目标，确定了五大任务，制定了 13 条保障措施。

四个资源枯竭城市在 2013 年也重新编制了转型发展规划。加快产业结构调整和优化，接续替代产业已具雏形。着力解决民生和社会突出问题，促进社会转型。

经济转型和发展的双重压力仍然较大。特别是在当前全球经济衰退，国内经济结构深度调整、经济增长进入中高速新常态时期，以传统产业为主导的城市，都面临产能结构性过剩的矛盾。以产能过剩最为严重的煤炭、钢铁为主导的资源枯竭城市困难更大，价格下滑、产能萎缩，双双拖累经济增长，而新的替代产业尚未壮大，特色鲜明、分布合理的产业集群发展体系还未形成。2015 年，江西省 11 个设区市中，GDP 增长速度排在后三位的就是萍乡、景德镇、新余这三个资源枯竭城市。今年开始，萍乡、新余还将进一步去煤炭、钢铁过剩产能，据萍乡测算，去煤炭、钢铁过剩产能，预计下拉 GDP 增速 3 至 4 个百分点，财政减收 4 个亿。

培育接续替代产业任务重、过程长。四个资源枯竭城市缺少区位优势，招商引资吸引力、战略性新兴产业聚集力都比较弱，而既有的传统骨干产业和相关产业逐渐萎缩，自身造血功能衰竭，经济转型慢等问题短时间内难以解决。据测算，萍乡市基本完成资源型产业的改造、转产和发展接续替代产业约需投入 1000 余亿元；市国企改革需要支付经济补偿、失业保险、伤残补助等改制成本 30 余亿元，如果加上省属国有企业萍矿集团公司，则要 40 亿元以上。景德镇在改造提升传统产业、保护陶瓷文化历史遗迹、提升老城区功能、引导战略性新兴产业发展等方面注入了大笔资金，付出了大量心血，但转型内生动力不足，战略性新兴产业的壮大仍需要一个较长过程。发展包袱较重。资源产业是劳动密集型产业，资源型城市的共同特点是国有职工多，且队伍老化，退休职工占比大，养老保险入不敷出。景德镇市这个问题更为突出，在国有职工人数多、资产少变现难的不利因素下，历届市委、市政府顶着巨大的财政压力，基本完成了国有企业改制工作，但全市企业改制和养老保险资金缺口仍然较大，近一半转移支付用于补充社保。另外，市属陶瓷企业困难时间长，困难程度深，困难群体大，是困扰景德镇市转型发展的又一个突出问题。大余县四大矿近 6000 矿区人口划归地方，地方医保压力加大，由于缺乏资金，棚户区搬迁改造尚未开始。

生态恢复和环境治理的成本高。由于资源利用补偿机制的长期缺失，资源型城市在生态环境治理上欠账很多。据调查，目前萍乡市矿区煤矸石堆积如山，累计堆存量近 4 亿吨，占地面积达 89.5 平方千米；地下水位下降和跌水严重，造成近 20 万亩农田灌溉受到影响，每年损失近 4000 万元，近 50 万人的生活用水出现困难；地面塌陷和地裂时有出现，矿区沉陷面积达 87.7 平方千米，引起地表最大下沉值达 11.11 米；因采煤而砍伐木材遭到严重破坏的林地面积达 1252 公顷，据初步估算，治理约需投入上百亿元。大余县长期矿山开采导致环境污染严重，全县共有 5600 万吨含重金属的废砂和尾矿，淤积堵塞河道 258 千米，农村饮水不安全地方居民 4.7 万人，被确诊的硅肺病患者 5453 人，环境治理需要大量投入。

人才缺乏，产业创新能力较弱。资源型城市人才结构比较单一，引进、留住都比较困难。从现有情况看，经济欠发达地区的中小城市大多是人口净流出城市。如萍乡市每年净流出人口上万人，且大多是专业技术人才和技工人才，优秀的大学毕业生回本地工作的却很少，人才队伍出现老化，形成新的人才断层。从整体上看，资源型城市无论是高层次管理人才、高层次领军人才，还是专业技术人才和高级技工人才，都非常缺乏，人才结构失衡，难以适应产业创新需要，难以持续发力前行。

延续对资源枯竭型城市转移支付政策。中央每年给予资源枯竭城市的财力性转移支付占市本级可用财力的 20% 以上，对正处于爬坡突破关键时期的资源型城市，确实发挥了巨大作用。按照中央的政策，随着转型任务基本完成，对资源枯竭城市的财力性转移支付将终止。就目前情况看，江西省资源枯竭城市存在的历史遗留问题依然较多，实现可持续发展的形势不容乐观，转移支付断崖式终止将不利于这项事业发展。建议省政府请求国家继续延续资源枯竭城市财力性转移支付政策，并在资源型城市可持续发展专项上给予倾斜，从而避免转型发展势头受阻。对中央安排的社会事业建设项目，建议逐步减少或取消市级财政配套，以提高资源枯竭城市自身调整发展能力。

强化对资源枯竭型城市的规划引导。统筹规划是全面推进资源型城市可持续发展的保障。建议省政府组织专家团队，按照不同城市、不同发展阶段、不同区位优势和资源禀赋，因地制宜、因时制宜、扬长避短地选择发展方向和接续替代产业，按照立足市情、发挥优势的原则，确定好方向和重点，制定可持续发展规划，明确转型思路、目标和重点，进行发展指导，促进资源型城市科学快速转型。要对仍具竞争优势的传统产业，利用先进的科技进行改造，使其升级换代，提高市场竞争力。江西环境总体较好，无论是资源枯竭城市还是其他地方的发展规划，都要着力推进生态环境保护。绿水青山也是金山银山，今后应提高资源开发准入门槛，走集约化、绿色开采之路。对大宗矿产资源，如煤炭，因南方地质构造复杂，开采条件差，既缺乏竞争力，又对环境破坏大，今后不宜再开新矿。

扶持资源枯竭型城市科技创新和人才培养。发展教育，依靠科技，培养人才，是支撑和完成经济转型、实现经济可持续发展重要方面。首先，要从提高人口素质入手，加大基础教育力度，改善教育结构，加强职业技术培训，促进再就业和再工业化。要通过卓有成效的职业培训，提高大批传统产业工人的素质和技能，从而为产业结构调整和新兴产业的发展准备条件。其次，要紧紧依靠科技进步，把科技创新与资本投入相结合，用科技力量放大经济转型的动力，推动经济转型的步伐。要加快科研项目的开发和科研成果的推广运用，增强科技的贡献率。要制订政策，引导国家级和省级大学、大院、大所研究转型城市战略性创新课题，或与城市共同组建技术创新战略联盟、共建联合实验室、技术创新和成果转化中心。然后要制定人才保护和优惠政策，防止人才流失，吸引外地人才。要借鉴援藏、援疆和交流挂职等模式，选配资源枯竭城市急需的转型高级管理人才、领军人才到资源枯竭城市挂职；制订政策鼓励大学毕业生到资源枯竭城市工作。要借鉴地区对口扶贫方式，牵线发达地区城市对口帮扶资源枯竭城市转型发展，支持资源型城市积极承接产业转移。

资源枯竭型城市的新型城镇化要与产业转型结合起来。协调省属国有企业和所在城市互相支持、共同发展。随着化解煤炭、钢铁过剩产能的推进，有不少国有矿山将闭坑，这些国有企业独立工矿区基础设施好，大多具有铁路专用线，房地产存量丰富，属地政府应通过提供信息、牵线搭桥、帮助招商引资等方式促进发展转型产业，以聚集人口建设新型城镇。国有企业在城区的土地，应纳入城市发展统一规划，通过置换、共同开发等方式，兼顾国有企业利益，共享城市转型发展成果，促进矿山、城市、区域融合发展。明确资源型省属国有企业功能定位，加大政策支持力度，促进其向专业化、集约化转型发展。

创新资源枯竭型城市的环境治理。为解决资金不足问题，可借助社会资本、民间资本治理沉陷、开裂、尾矿堆积等环境破坏问题。属地政府要在制定与环境相统一的治理标准的基础上，向全社会公开招标。由中标者自行投入，按标准治理，合格验收后以治理范围的土地使用权作为回报。对于重金属污染，萍乡市在引进国外先进技术的基础上，研发出了国际领先的重金属污染治理专利技术，省有关部门可将大余县的尾矿列为该项技术的治理试点。

成功后即可向全国推广，同时带动这一高新技术产业的发展。

改进对资源枯竭型城市的考核。对资源枯竭型城市的考核要与其他城市有所区别，特别是应该降低经济增长速度、财政收入增长等指标分值权重，增加对转型规划执行情况的考核。

三、长江经济带生态环境问题治理进程

2020 年，江西省人民政府办公厅 1 月 22 日下午对外公开该省长江经济带生态环境警示片披露问题整改销号情况。江西省中央环境保护督察问题整改工作领导小组办公室组织人员对完成整改的 5 个问题进行了现场查验核实，认为达到了整改要求，满足销号条件。

2019 年 1 月和 11 月，推动长江经济带发展领导小组办公室分别向江西省移交了 2018 年和 2019 年长江经济带生态环境警示片披露的共 29 个生态环境问题清单。江西省委、省政府高度重视，始终将警示片披露问题整改工作摆在重要位置，对问题整改落实情况紧盯不放，不断推动问题整改取得实效。经江西省政府同意，公开有关情况。

彭泽县矶山园区污水处理厂污水直排长江问题：江西省彭泽县矶山园区污水处理厂处理设施长期不正常运行，利用江水稀释污水后直排长江，对下游以长江水作为饮用水水源的城市带来巨大威胁。矶山工业园区污水处理厂优化了污水处理工艺，于 2018 年 10 月开始正常运行。2019 年 4 月，新建了自来水厂尾水回收中转池，实现了园区自来水厂和园区污水处理厂物理隔离。2019 年 2 月，彭泽县政府收回九江安达科技环保有限公司特许经营权，聘请第三方专业机构进行运维，并于 2019 年 7 月启动了矶山工业园污水处理厂提标改造工程，2019 年 12 月完成，出水能满足一级 A 排放标准。

都昌县石材开采严重破坏生态"牛奶湖"问题：江西省九江市都昌县石材开采严重破坏生态，废弃石料淤塞水库，矿山废水直排，导致水库成为"牛奶湖"。2018 年 8 月，都昌县苏山乡所有石材加工小作坊已全部拆除到位。2018 年 7 月至 10 月，都昌县苏山乡 25 家持证矿山、7 个废弃矿点全部编制了《矿山地质环境恢复治理设计方案》，并于 2019 年 11 月完成生态修复。2018 年 12 月，都昌县制定了《都昌县苏山乡升阳水库项目区牛奶湖治理方

案》，2019 年 6 月，制定了《都昌县苏山乡升阳水库项目区水生态修复实施方案》，并于 11 月再次对方案进行了优化。根据方案对入尾库河道进行了整治，设置了木栅栏和卵石滚水坝，建设初步拦挡和过滤入库泥沙防线，加大了入库河道水生生物培植，同时对库底沉积物及泥沙彻底清理。2019 年 11 月，25 家持证矿山、7 个废弃矿点生态修复工程及升阳水库项目区水生态修复工程通过了专家验收。

武宁县政府默许渣土非法围湖造的问题：江西省九江市武宁县政府默许渣土沿柘林湖倾倒，非法围湖造地。2019 年 1 月，武宁县制定了整改方案，明确了整改目标、整改措施及整改时限，对警示片披露问题进行了整改。为了提高整改标准，按照整改销号新要求，2019 年 9 月，武宁县对艺邦山水城项目下达停建通知书，停止在建楼房建设，拆除了塔吊和脚手架，同时编制了《武宁县违规填湖项目生态修复方案》，于 11 月通过了专家评审。根据生态修复方案，制定印发了优化方案并组织实施，全面启动城东滨湖、美吉特庐山西海岛和艺邦山水城项目生态修复工程。截至当年 12 月，共完成水域平退 293.2 亩，其中，城东滨湖项目完成水域平退 175.8 亩，美吉特庐山西海岛项目完成水域平退 26.7 亩，盛元庐山西海养生中心项目完成水域平退 59 亩，艺邦山水城项目完成水域平退 31.7 亩。同时按照生态修复方案要求完成生态修复面积 350 亩，恢复湿地 1006.2 亩，并于 2019 年 12 月 15 日通过了专家验收。

宜黄县城镇污水处理厂偷排生活污水问题：江西省宜黄县城镇污水处理厂在处理负荷仅为 70% 的情况下，采用雨水管溢流的方式长期偷排未经处理的生活污水。2018 年 8 月，宜黄县城镇污水处理厂在溢流口安装了人工控制阀门，阀门设计为常闭状态，杜绝了无序溢流，并在进水井安装了新型自动液位报警装置和自动启动抽水装置，在出水口安装了高清探头。宜黄县 2019年计划新建城区 5.65 千米污水管网工程已全部完成，目前污水处理厂平均日进水水量 9000 吨左右，污水收集率达到 85% 以上。日处理 2 万吨污水处理厂已建成，设备已安装到位，正在调试。宜黄县依法依规对相关人员进行了问责，并对污水处理厂进行了处罚。

安义县北潦河岸工业固体固废和生活垃圾问题：南昌市安义县驾校附近

北潦河岸边堆有大量工业固体固废和少量生活垃圾，环境风险较大。2019 年 11 月，安义县对固废堆存源头进行了排查，并对相关企业依法进行了查处，同时委托江西省核工业地质局测试研究中心对现场堆放的工业固废进行了检测，检测结果为一般固废。11 月 13 日开始，安义县对现场堆存的建筑垃圾及固体废弃物进行了彻底清运，统一运往县建筑垃圾消纳场，并对场地进行了平整和复绿，于 12 月下旬全部整改到位。为加强监管，安义县在沿河堤垃圾压缩站旁、湿地公园入口等地一共安装 4 个高清监控探头，并将监控视频连入"数字城管"系统及公安天网系统，严密监管、实时监控，严厉查处偷倒生活和建筑垃圾现象。同时，加大执法人员对安义驾校周边区域巡查力度，对垃圾偷倒行为从严从重处罚，营造严打垃圾偷倒行为的高压态势。

四、关于建设绿色生态江西的意见

江西是生态大省，属于"南方丘陵土地带"全国重点生态功能区，是国家三个生态文明建设试验区之一。江西省在推进生态文明建设过程，牢牢把握自然生态规律，把山水林田湖草作为一个整体，加快实施重点生态保护修复工程，出台了《山水林田湖草生命共同体建设行动计划（2018—2020）》，统筹实施山水林田湖草生命共同体建设。

（一）基本情况

一是实施赣州山水林田湖草保护修复试点。试点项目已经在推进流域水环境保护与整治、矿山环境修复、水土流失修复、生态系统与生物多样性保护、土地整治与土壤改良五大类生态建设工程取得预期进展，形成了整体性、系统性试点工作体系，探索了"生态修复 +"绿色产业发展思路，形成了"土地整治 + 农业产业发展"模式。

二是实施农田整治工程。启动新一轮高标准农田建设，累计完成高标准农田建设任务 1957 万亩。深入推进"节地增效"行动，消化批而未用土地32.43 万亩，江西省土地开发复垦超过 20 万亩。实施农药化肥"减量化"行动，农药化肥使用量连续三年负增长。

三是实施流域生态修复工程。划定湖泊水库禁养区 152.1 万亩、限养区144.6 万亩。启动鄱阳湖退耕还湿试点，江西省湿地保护率提升至 53.75%。

治理水土流失面积 8.4 万公顷，新增矿山恢复治理面积 1700 公顷。

四是实施森林质量提升工程。加快重点区域森林绿化美化彩化珍贵化建设，完成造林 137.2 万亩，签订天然商品林停伐、管护协议面积 2280 万亩，筹措补偿资金 10.9 亿元，将生态公益林补偿标准提高到 21.5 元 / 亩，居全国前列、中部第一。在 20 个县开展了自然森林经营试点。

五是实施生物多样性保护工程。开展自然保护区"绿盾 2018"、鄱阳湖区"雷霆 2018"联合执法督查，查处问题 925 个。实施长江江豚、候鸟及水生生物资源保护工程。江西省建立各类自然保护区 191 个，创建森林公园 182 个、湿地公园 93 个，数量均居全国前列。

（二）工作方法

江西省高度重视生态修复工作，准确理解生态修复在自然资源工作中的职责定位，从基础调查、编制规划、完善制度、实施工程、监督管理等方面，系统开展生态修复的统筹、协调及管理工作。

一是加强基础调查，掌握生态家底。抓住当前国土"三调"契机，运用空天地立体调查监测技术成果，采取定性与定量结合方法，调查国土空间生态资源的分布、规模和质量，了解江西省重点生态功能区、生态脆弱区、生态敏感区的动态变化情况，掌握全链条管理的土地、矿山生态方面的现状，为科学保护、有效修复打好基础。

二是强化规划引领，统筹工作全局。拟通过制定《国土空间生态修复规划》，确定江西省生态修复工作的战略目标、空间布局、重大工程、政策措施，统筹陆域水域、兼顾地上地下、协调时间空间，理顺体制机制，形成纵向统一、横向联动、条块结合的工作格局。按照保证生态安全功能、突出生态系统功能、兼顾生态景观功能的工作思路，抓好顶层设计和源头管理，着力落实全国重要生态系统保护和修复重大工程规划，着手编制江西省国土空间生态修复总体规划和专题规划，突出国家重大战略实施区、江西省重点生态功能区和生态问题集中区，指导编制市级国土空间生态修复规划，形成系统完整的统筹治理规划系统。

三是实施重大工程，落实修复任务。根据事权划分和部门职责分工，加强上下工作融合、部门资金整合、各方力量聚合，在重点生态功能区实施山水林田湖草生态系统修复工程，在乡村地区实施土地综合整治工程，在矿产集中开发区实施矿山生态修复工程，重点推动长江经济带共抓大保护，实施全流域生态环境整治工程，强化保护与修复举措，实施山水林田湖草生态质量提升工程，强化分区系统治理，实施生态空间综合整治工程，形成点、线、面相结合的生态修复工程布局。

四是压实管理责任，力求综合效益。积极协调内部工作关系，按照"源头严防、过程严管、后果严惩"的要求，在自然资源规划管控、用途管制、业务审批、实施监管、督察执法等全程管理中落实生态保护责任，变被动修复为主动保护，变末端治理为前端防护。落实地方在项目管理上的主体责任，切实加强立项管理，保证其科学性；加强实施管理，保证其时效性；加强质量管理，保证其实效性；加强技术管理，保证其规范性；加强资金管理，保证其安全性。不断提高修复工程和整治项目的生态效益、经济效益和社会效益。

五是加强政策研究，创新管理方式。探索政府主导、社会资本、金融资本参与，"共建""共治""共享"的多元化生态修复投入机制；促进生态效益向经济效益的转化，依法依规释放政策红利，探索建立有关生态补偿机制。以科技引领国土空间生态修复技术标准研究，推动国土空间生态修复监管信息平台建设。以自然资源"一张图"为依托，构建省市县三级互联互通，自然资源、生态环境、农业农村、住建、水利、林业等相关部门数据共享的国土空间生态修复监管信息平台。营造全民参与国土空间生态保护修复社会氛围。充分运用各类传统媒体和新媒体，广泛宣传国土空间生态修复的重要意义，及时总结宣传各地好的经验和做法，为实施全域国土空间生态保护修复营造良好的社会舆论环境。

（三）下步安排

开展重点工程建设，树立示范标杆。自然资源部已将江西列入生态保护与修复重点区域，在涉及江西省的生态修复重大工程上予以大力支持。江西省将以国家实施长江生态修复推动长江经济带绿色发展为契机，积极对接中央国土空间生态修复项目，推动鄱阳湖区域山水林田湖草生态系统修复和长江干支流废弃露天矿山生态修复项目落地。

一是继续实施山水林田湖草生命共同体行动计划，探索总结山水林田湖草生命共同体建设与管理体制机制；

二是加快推进赣州国家山水林田湖草生态保护修复试点，支持赣州完成废弃矿山治理工作以及绿色矿业发展示范区建设，形成山区丘陵地区山水林田湖草生态保护修复"赣南模式"，打造成为全国山水林田湖草综合治理样板；

三是推动南昌市山水林田湖草生命共同体示范区建设，开展重大支撑项目建设，支持南昌打造城市滨湖地区山水林田湖草样板；四是启动吉安（泰和千烟洲）山水林田湖草综合治理工程，形成平原丘陵地区生态保护修复经验和模式；五是推进抚河流域全国流域水环境综合治理与可持续发展试点，加快吉安百里赣江风光带、景德镇昌江百里风光带、赣西袁河生态经济带等生态文明示范带建设，打造流域综合治理样板。

提升绿色发展水平，打通绿水青山与金山银山双向转化通道。江西省牢固树立生态优先、绿色发展的核心理念，将进一步促进生态产业化、产业生态化。一是加快全民所有自然资源资产有偿使用制度改革试点，健全自然资源资产有偿使用制度；二是探索建立基于国土空间规划体系（重点生态功能区、生态保护红线、自然保护地等）、自然资源有偿使用和交易的生态保护补偿制度；三是推进抚州市、婺源县、靖安县、武宁县、崇义县生态产品价值实现机制试点；四是推进靖安县、婺源县"两山"理论实践创新基地建设，探索生态价值转化模式，发挥示范带动效应。

加强资金筹集力度，保障综合治理经费落实。江西省将持续加大投入力度，进一步整合生态环保类项目和资金，推动多样化实施模式，继续推进省内外生态补偿，完善绿色市场体系。一是推进与长江经济带省份签订流域上下游生态保护补偿协议，启动新一轮东江流域生态保护补偿，推进省内市县流域上下游生态保护补偿；二是健全完善用能权、水权、排污权、碳排放权等环境权益交易制度，推动建设区域性环境权益交易中心；三是盘活国土空间综合整治的生态价值，探索形成有收益的生态产品，释放政策红利，更好发挥政府引导作用；四是加强与金融资本合作，尝试运用资源资产升值、权益置换、特许经营等手段，吸引社会资本积极参与；五是采取以奖代补、奖补结合方式，激励各类社会主体从事生态保护修复的积极性；六是推进绿色项目库建设，完善金融机构与环保信息共享机制，启动江西省绿色信贷考核评价工作。

在统筹山水林田湖草系统治理，建设绿色生态江西的过程中，江西省将充分吸收各方建议，加强顶层设计，建立健全体制机制，不断改革创新，贯彻落实习近平生态文明思想，牢固树立"山水林田湖草"生命共同体理念，认真落实"整体保护、系统修复、区域统筹、综合治理"要求，立足省情实际，扎实开展江西省生态保护和修复治理工作，为建设绿色生态江西做出贡献。

第四节 绿色金融创新

为贯彻落实全国金融工作会议精神和中国人民银行等七部委《关于构建绿色金融体系的指导意见》（银发〔2016〕228 号），加快绿色金融发展，构建具有江西特色的绿色金融体系，支持和促进江西省生态文明建设和经济社会可持续发展，现提出以下实施意见。

一、总体要求

（一）发展思路

深入贯彻五大发展理念，认真落实全国金融工作会议精神，按照"创新引领、绿色崛起、担当实干、兴赣富民"工作方针，坚持"保障需要、适当超前、引领推动"的工作思路，充分发挥江西省生态文明先行示范区和国家生态文明试验区先行先试优势，突出服务实体经济、防控金融风险、深化金融改革"三位一体"的金融工作主题，紧紧围绕省委、省政府关于贯彻新理念、培育新动能、发展新金融的决策部署，以绿色金融发展推动产业结构转型升级为主线，深化金融体制机制改革，构建绿色金融组织体系、产品服务体系、配套政策体系，有效提升江西绿色金融服务覆盖率、可得性和满意度。

（二）工作目标

力争到 2020 年，赣江新区绿色金融改革创新试验区初具规模，江西省绿色信贷余额占比高于全国试点五省平均水平，绿色投资和绿色保险服务生态文明建设功能得到更加充分发挥，按照突出特色、绿色发展、安全稳定的原则，构建江西省功能完善的环境交易市场体系。

二、实施政策

（一）加大绿色信贷投放

支持商业银行设立绿色专营机构。各商业银行要把绿色金融纳入长期发展的战略规划，明确重点支持的行业和领域，严格执行名单制管理。支持有条件的商业银行设立绿色金融事业部、绿色金融专营分支机构等，为绿色信贷提供特色化、专业化的金融服务。鼓励各商业银行机构引入符合赤道原则的管理模式，积极拓展绿色信贷业务。

创新绿色信贷产品和服务，在风险可控和商业可持续的前提下，创新能效信贷担保方式，以特许经营权质押、应收账款质押、履约保函、知识产权质押、股权质押、合同能源管理项目未来收益权质押等方式，开展能效融资、碳排放权融资、排污权融资等信贷业务。继续大力推广"财园信贷通""财政惠农信贷通"，推进特色信贷产品升级换代。积极推进农村"三权"抵押贷款，大力发展绿色信贷。大力发展网上银行、电话银行等无纸化结算支付方式，提高绿色支付结算比例。

简化绿色信贷审批流程，开展绿色信贷流程再造，鼓励金融机构对绿色金融项目专列信贷计划、专项审批授信。制定绿色信贷行业、企业和项目的准入标准。简化审批程序，优化贷款的期限结构，提高审批效率。坚决取消不合理收费，降低绿色信贷融资成本。

建立绿色信贷融资担保机制，整合省、市、县三级现有政策性担保资源，组建绿色专营担保机构，完善专业化的绿色担保机制，加大对绿色信贷和发债的增信支持。鼓励省信用担保公司、省融资担保公司、省再担保公司等制定绿色信贷专项审批政策，对绿色贷款担保费率给予一定的风险补偿。

积极开展绿色信贷资产流转和证券化工作，支持省内法人银行机构积极对绿色信贷资产进行流转和证券化，盘活存量信贷资源，为绿色信贷腾挪规模空间。鼓励驻赣银行机构向总行申请开展专项绿色信贷资产证券化，利用总行绿色信贷资金支持江西省绿色产业发展。

（二）加快发展绿色投资

支持绿色企业上市和再融资。加大对绿色企业上市挂牌资源培育力度，建立和完善绿色企业上市挂牌后备资源库。加大对环保、节能、清洁能源等绿色企业赴境内外上市融资的支持力度。抢抓中国证监会服务国家脱贫攻坚战略的政策机遇，积极支持江西省贫困地区挖掘、引入和培育绿色企业上市挂牌。鼓励已上市的绿色企业开展并购重组，通过增发、配股、发行债券等方式进行再融资。支持符合条件的绿色企业在"新三板"市场和区域性股权市场挂牌融资。充分发挥区域性股权市场作用，支持江西联合股权交易中心研究设立绿色板块，研究发行绿色可转债。

支持银行和企业发行绿色债券。鼓励和支持江西银行、九江银行等地方法人金融机构发行绿色金融债券。支持符合条件的绿色企业发行企业债券和公司债券。探索发行绿色资产支持证券、绿色资产支持票据、绿色非公开定向融资工具等符合国家绿色产业政策的创新产品。积极推动中小型绿色企业发行绿色集合债。支持江西省金融机构和企业到境外发行绿色债券。

设立江西省绿色发展基金。依托省发展升级引导基金，引入社会资本设立江西省绿色发展基金。充分发挥绿色发展基金阶段参股、跟进投资、风险补偿、投资保障等作用，强化对种子期、初创期科技型绿色中小企业的投入。通过放宽市场准入、完善公共服务定价、实施特许经营模式、落实财税和土地政策等措施，支持绿色发展基金做大做强。鼓励养老基金、保险资金等长期性资金开展绿色投资。

利用PPP等模式扩大绿色投资。支持垃圾处理、污水处理以及土地、水、大气等绿色项目引入PPP模式，采取捆绑打包、上下游联动等方式，建立公共物品绿色服务收费机制。鼓励各类绿色发展基金支持PPP项目，通过银行贷款、企业债、项目收益债券、资产证券化等方式拓宽融资渠道。

（三）建设环境资产交易市场

设立省环境交易中心。完善省碳排放交易中心功能，探索设立排污权、用水权、节能量（用能权）等各类环境权益交易平台。开展物权、债权、股权、知识产权等环境权益交易服务，创新环境权益交易模式和交易制度。建立实现环境资源权益的市场化机制。

创新各类碳金融产品。支持设立专项碳基金，扩大对碳市场、温室气体减排、新能源项目、企业技术改造等投放。支持和鼓励非金融绿色企业法人主体发行碳债券。鼓励各金融机构积极研究并跟踪碳远期、碳掉期、碳期权、碳租赁、碳资产证券化等碳金融产品和衍生工具的发展。

开发环境权益融资工具。探索发展基于碳排放权、排污权、节能量（用能权）等各类环境权益的融资工具，拓宽绿色企业融资渠道。创新环境权益抵质押物价值测算方法及抵质押率参考范围，完善环境权益定价机制，建立高效的抵质押登记及公示系统。探索环境权益回购等模式解决抵质押物处置问题。积极发展环境权益回购、保理、托管等金融产品。

建设绿色金融第三方评估机制。鼓励第三方认证机构对企业发行的绿色债券进行评估，出具评估意见并披露相关信息。鼓励信用评级机构在信用评级过程中专门评估发行人的绿色信用记录、募投项目绿色程度、环境成本对发行人及债项信用等级的影响，并在信用评级报告中进行单独披露。鼓励第三方专业机构参与采集、研究和发布企业环境信息与分析报告。

（四）大力发展绿色保险

鼓励开展环境污染强制责任保险。持续推进江西省环境污染责任保险"承保机构、参保企业、承保模式"三个全面放开。在环境风险较高、环境污染事件较为集中的领域全面推行环境污染强制责任险。探索推行江西省环境污染责任保险示范条款，鼓励保险机构降低费率，扩大保险覆盖面。鼓励保险机构对企业开展"环保体检"，为加强环境风险监督提供支持。定期开展风险评估，高效开展保险理赔。

创新发展环境保护商业保险。积极发展生态旅游、休闲旅行等相关保险产品，服务旅游强省战略。大力研发企业创新产品研发责任保险、专利保险、环保技术装备保险、船舶污染损害责任保险、绿色企业贷款保证保险、产品质量安全责任保险、风力（光伏）发电指数保险等新型产品，推广绿色企业"首台套"重大技术装备综合保险，服务产业结构优化升级。

大力发展农业保险。继续推动农业保险"增品提标扩面"，加大力度将农业直补改为保险的间接补贴，开发气象指数保险、产量保险、价格指数保险等创新产品，增加种植业保险、养殖业保险和林木保险的参保品种，制定合理费率，提高补偿标准，保险金额覆盖"直接物化成本＋地租"。在江西省 14 个产粮大县试点农业大灾保险。积极推动保险机构参与养殖业环境污染风险管理，建立农业保险理赔与病死牲畜无害化处理联动机制。

积极引导保险资金投入生态环保项目。鼓励保险资金以股权、基金、债券等形式投资绿色环保项目，重点支持科技创新型、文化创意型、低碳环保型企业、健康养老及现代农牧业项目建设。进一步完善险资入赣项目库，纳入更多新经济企业和绿色企业。

（五）加快推进赣江新区绿色金融改革创新试验区建设

加快打造"全牌照"绿色金融机构体系。支持各商业银行加快在赣江新区设立绿色支行（绿色事业部）。积极设立民营银行、中外合资银行、村镇银行、金融租赁公司、基金管理公司、财务公司。支持各类股权投资基金、创业投资基金等私募基金参与绿色投资。鼓励互联网金融公司、小额贷款公司、融资性担保公司和融资租赁公司等依法设立绿色专营机构。

推动一批重点项目建设。建设绿色保险产业园，发展设立绿色保险公司或专营机构，提供特色保险服务。建设江西保险机构间交易市场，试点开发巨灾保险债权、巨灾保险期货等金融工具。稳步推进绿色保险组织体系，如建立保险经纪公司、保险销售公司以及健康管理中心等。积极创建保险创新综合试验区，加快组建江西健康风险保障交易中心。推动平安集团在赣江新区建设平安科技金融城、平安金融大厦；推动泰康人寿打造创新型健康养老产业园。加快筹建赣江金融学院，引进金融智库和科研机构，打造金融产学研一体化平台。建设赣江新区企业总部基地、基金小镇，为市场各方搭建绿色金融的综合服务平台。建立和完善赣江新区国有资本运营公司，设立赣江新区建设发展引导基金，重点用于支持新区重点产业发展和基础设施建设。

（六）加强绿色金融组织领导

成立省绿色金融创新工作领导小组。由省政府分管领导任组长，省政府金融办、人民银行南昌中心支行、江西银监局、江西证监局、江西保监局、省财政厅、省发改委、省工信委、省环保厅、省住建厅、省国土资源厅、省农业厅、省林业厅、省水利厅等部门负责同志为成员，加强对江西省绿色金融发展工作的组织领导和统筹指导，协调解决绿色金融发展中的困难和问题。

加强绿色金融融智力度。常态化组织绿色金融研讨会（高峰论坛），加强绿色金融开放合作交流。加大绿色金融研究的资金投入和人才引进力度，培养环保技术与金融管理兼备的复合型人才。建立党政领导干部绿色金融知识培训制度，定期举办市、县党政领导干部绿色金融知识培训班。加大各地推动绿色金融发展的宣传力度，面向全社会广泛开展绿色金融宣传教育和知识普及。发挥江西省金融学会绿色金融专业委员会作用，加强绿色金融研究。

加强绿色金融政策扶持力度。鼓励地方政府设立"绿色金融风险补偿资金"，对绿色融资进行风险补偿。适时将绿色信贷纳入宏观审慎评估框架，积极运用再贷款、再贴现等货币政策工具促进绿色信贷。通过适当提高绿色信贷的风险容忍度、适度放宽市场准入、完善公共服务定价、差别化奖励补贴、落实土地政策等措施，建立绿色金融政策扶持机制。

防范绿色金融风险。健全风险监测预警和早期干预机制，加强金融基础设施的统筹监管和互联互通，推进金融业综合统计和监管信息共享。建立绿色企业环保信息强制性披露制度，实施重大环境污染事件黑名单制度，推动企业环境违法违规信息及环境信用评价信息纳入江西省企业征信综合平台。建立绿色金融发展考核评价机制，进一步完善市县科学发展综合考核指标体系，增加绿色金融发展考核权重。将各金融机构绿色信贷、绿色债券、绿色保险主要指标完成情况，纳入支持地方经济发展年度考核和金融监管部门监管评级指标体系。建立完善绿色区域金融稳定协调合作工作机制，分析研判金融风险形势，形成风险防控合力，妥善处置绿色金融风险，为经济社会可持续发展创造和谐稳定的金融生态环境。

第五章　江西省区域绿色发展规划

第一节　典型区域绿色规划

一、大南昌都市圈发展规划（2019—2025 年）

大南昌都市圈包括南昌市、九江市和抚州市临川区、东乡区，宜春市的丰城市、樟树市、高安市和靖安县、奉新县，上饶市的鄱阳县、余干县、万年县，含国家级新区赣江新区。2018 年，大南昌都市圈所辖面积 4.5 万平方千米，年末总人口 1790 万人，地区生产总值（GDP）10506 亿元。

依据《中共中央国务院关于建立更加有效的区域协调发展新机制的意见》《全国主体功能区规划》《国家新型城镇化规划（2014—2020 年）》《全国国土规划纲要（2016—2030 年）》《国家发展改革委关于培育发展现代化都市圈的指导意见》和江西省相关规划，按照党的十九大和十九届二中、三中全会精神，以及省委十四届六次、七次、八次全会精神，制定本规划。本规划是指导大南昌都市圈发展的纲领性文件，是编制相关专项规划、布局重大项目的重要依据。规划期为 2019—2025 年，展望到 2035 年。

（一）规划基础

大南昌都市圈位于国家城镇化战略格局长江横轴与京九发展轴交汇处，在全国区域发展格局中具有承东启西、沟通南北的重要战略地位。近年来都市圈对外运输通道建设明显提速，初步形成以高速铁路、普通铁路、高速公路等为主骨架的通道格局，有效连接长三角、粤港澳大湾区等主要城镇化地区和省内各设区市。综合交通枢纽建设逐步推进，统筹多种运输方式一体衔接的现代枢纽站场相继投入使用，服务保障能力明显增强。南昌昌北国际机场基本形成覆盖国内主要城市，连接东南亚、东欧等地区的航空网络。九江港是长江干线内河 13 个亿吨大港之一，实现万吨货轮通达。依托京九、沪昆"十"字形运输通道，以高速公路为骨干的都市圈综合交通网布局不断完善，基本实现县城中心区 30 分钟内上高速公路。

大南昌都市圈是全国重要的商品粮和农副产品生产基地，先进制造业、战略性新兴产业和现代服务业增势强劲，产业发展新动能加快形成。汽车制造、电子信息等一批产业达到千亿级规模，航空制造、汽车及零部件、中医药、虚拟现实等产业在全国已形成竞争优势，涌现了一批著名企业和品牌，工业增加值占江西省比重超过 40%，拥有江西省全部 4 个主营业务收入过千亿元的国家级开发区，中成药生产规模居全国城市前列。

大南昌都市圈聚集了江西省五分之三的科研机构和三分之二的普通高校，汇聚江西省 70% 以上的科研工作者，拥有 20 余个国家级和 200 余个省级重点实验室、工程（技术）研究中心、企业技术中心及超过江西省一半的创新创业平台。红谷滩江西省金融商务区汇聚江西省 80% 以上的省级金融机构，成立全国首家省级互联网金融产业园、江西基金产业园，是江西省科技创业资金的重要来源地。赣江新区是中部地区科技、人才和教育资源密集区，拥有国家级绿色金融改革创新试验区、全国"双创"示范基地和国家级人力资源产业园等桂冠。抚州市获批国家知识产权试点城市。共青城市私募基金产业聚力发展态势良好。

大南昌都市圈大中小城市和小城镇齐全，形成层次有序、联系密切的城镇体系。2018 年，城镇常住人口超过 1000 万人，常住人口城镇化率 58%，正处于工业化城镇化加速推进阶段。南昌市、九江市分别为城区人口超过 300 万人和 100 万人的 I 型、II 型大城市，抚州市是城区人口超过 50 万人的中等城市，丰城市、樟树市、高安市、瑞昌市等为城区人口超过 20 万人的 I 型小城市，庐山市、靖安县、共青城市、奉新县、鄱阳县、余干县、万年县、都昌县等属于城区人口少于 20 万人的 II 型小城市，一批小城镇迅速崛起，特色小镇发展亮点纷呈。城镇基础设施显著改善，公共服务明显加强。

大南昌都市圈北临长江，西依幕阜山和九岭山，东含鄱阳湖和庐山，是推进国家生态文明试验区（江西）建设的核心地带，绿色生态优势显著。鄱阳湖系我国最大淡水湖，赣江、修河、抚河等主要河流断面水质长年保持在Ⅲ类以上。拥有一批世界地质公园、国家级自然保护区和国家湿地公园、森林公园等，国家森林城市在设区市全覆盖，生态环境质量居全国前列。

大南昌都市圈历史文化浓郁，人文底蕴丰厚，物质和非物质文化遗产众多。南昌是国家历史文化名城，滕王阁是江南三大名楼之一。九江商业、山水、宗教、书院等多元文化厚重且个性鲜明。庐山是国内3个世界文化景观遗产之一。抚州是"才子之乡，文化之邦"。汤显祖戏剧节、高安采茶戏、樟树筑卫城、万年稻作文化等文化品牌已具国内外影响力。

（二）主要问题

一是经济总量偏小，南昌市对江西省的引领带动作用不足。产业结构以传统产业为主，新动能培育仍处于起步阶段。科技创新能力较弱，企业研发投入强度低，高水平创新平台、科研机构和高新技术企业较少，2018年国家级企业技术中心只有12家。

二是在大南昌都市圈内部各行政区之间，产业同质化过度竞争、区域市场分割问题仍然较重，规划对接和空间管制、公共服务、重大项目布局、基础设施联通等统筹协调尚处于初级阶段。区域城乡融合和产业融合水平不高，产业高端化、集聚化亟待加强。

三是大南昌都市圈对外通道功能有待提升，南北向缺乏快速通达通道，东西向通道局部路段能力紧张，西北、东南、东北向通道联通能力不足。综合交通枢纽一体衔接水平不高，现代化综合客运枢纽建设缓慢，重点货运枢纽缺少铁路、高等级公路衔接。交通网布局有待完善、功能层次不清晰。以南昌为核心，连接主要城市、组团间的城际通道功能不强。南昌、九江、抚州中心城区与周边城镇的交通联系有待强化，大中城市周边县市交通发展短板明显。

四是周边省会城市都市圈经济社会发展水平明显高于大南昌都市圈，容易在资源、要素、人才、市场等方面形成对大南昌都市圈发展的虹吸效应。长三角一体化、粤港澳大湾区建设上升为国家战略，国家支持海西经济区和福建 21 世纪海上丝绸之路核心区、福建自贸区等建设，支持武汉建设国家中心城市，都可能导致大南昌都市圈进入国家战略的边缘地位。

（三）重大意义

当前新一轮科技革命和产业变革蓄势待发，全球创新版图和国际产业分工格局加速重组，全球经济治理体系加速重塑，为区域发展重塑竞争新优势提供新选择。国家深入实施区域协调发展战略，培育发展现代化都市圈，为推进都市圈高质量发展注入新动力。

都市圈日益成为推进区域高质量发展的重要空间单元，也是参与全国区域竞争合作的重要战略平台。推进大南昌都市圈建设，有利于贯彻国家区域协调发展战略、解决区域发展不平衡不充分问题，是江西更好对接融入国家战略、提升在全国发展地位的重大战略决策。打造大南昌都市圈，有利于培育形成新的重要增长极，引领带动江西省高质量跨越式发展，为推动中部地区崛起和长江经济带发展提供新的战略支撑；有利于推动跨行政区产业发展、基础设施、公共服务、生态环保、改革开放等协调联动，为内陆地区都市圈发展探索新的路径；有利于协同推进鄱阳湖流域治理，形成对大江大湖区域综合开发的示范价值，共建长江中游生态安全屏障。

二、宜春市环境保护计划（2016）

2016 年是"十三五"规划的启幕之年，开好局、起好步至关重要。2016 年宜春市环保工作主要目标概括起来是：全年全市空气优良天数达 90% 以上，可吸入颗粒物浓度达到 71.4 微克每立方米以下；根据《宜春市水污染防治工作方案》（宜府发〔2016〕4 号），逐年达到水质提升目标；农村面源污染逐步得到解决，畜禽养殖污染得到有效整治，农村水环境污染治理整县推进示范项目规范建设运行；确保完成国家下达的 2016 年减排任务；确保完成违法违规建设项目清理任务；围绕生态红线的落地实施，在完善红线监管机制上力争重大进展；围绕生态环境监测网络建设，在环境监测事权改革上力争重大进展。为实现上述目标任务，重点抓好以下工作：

大力谋划"十三五"环保规划。一是密切与国家、省对接，积极争取环保部、省环保厅支持，协调对接好 PM2.5 下降比例、城市空气质量优良天数比例、重点地区重污染天数减少、好于Ⅲ类水体比例、劣Ⅴ类水体比例等环境质量指标以及主要污染物排放指标，确保符合本市实际。谋划好重大工程、重大项目和重大政策。二是充分结合市情，以民生改善为导向，综合考虑公众环境质量诉求、环境指标可行可达、经济社会可承受等因素，兼顾区域差异，精准提升重点区域、重点城市差异化的环境质量目标。三是全面衔接大气、水、土壤污染防治三大行动计划，精心编制各个专项规划，对接目标任务和措施要求，构建全市"十三五"环保规划体系。将路线图落实为全市推进环保工作的施工图。四是积极配合多规合一试点。着力推进解决无序开发、过度开发、分散开发导致的生态破坏、环境污染等问题。

大力深化环保改革措施。一是根据环保部、省环保厅的统一部署，选取不少于30%的县（市、区），重点针对国家环境保护政策、省委省政府、市委市政府环境保护决策部署的落实情况开展环保综合督察，强化环保督政。二是贯彻落实《党政领导干部生态环境损害责任追究办法》。三是适时启动并逐步推进环保监测监察执法垂直管理，积极争取环保部、省环保厅能力建设方面的支持，并与江西省同步完成改革任务。四是启动全市生态环境监测网络建设，根据环保部、省环保厅要求，开展环境质量监测点位布设、重点污染源监测信息联网、环境质量监测事权改革等各项任务。

大力攻坚环境综合治理。继续推动大气污染防治。制定实施《宜春市大气污染防治年度实施计划》，进一步细化权责分工、严格落实履责；推动机动车环保标志核发与管理，加快推进老旧机动车及黄标车淘汰；加大对火电、水泥、陶瓷等重点行业、重点大气污染企业的整治力度，督促完成除尘脱硫脱硝设施建设，推进陶瓷行业链排炉改水煤浆炉，确保酚水全部回炉利用。全面深化重点流域治理。春节期间，各地环保部门务必做好涉水企业排查工作，对违法排污、超标排放的企业，一律按高额处罚，对直排、偷排等恶意环境违法行为，一律移交司法机关追究刑事责任。2016年，结合锦江治理经验，巩固"四河流域"巡查整治成果，对锦江、袁河、肖江、南潦河、草溪河等重点流域加大检查督导力度，通过查处典型案件有效震慑各类环境违法行为，切实改善流域环境质量。稳步推动土壤污染治理。在总结"十二五"重金属污染防治成果的基础上，深入推进"净土"行动。全力做好宜丰、铜鼓、靖安 3 县申报江西省 2016 年农村环境污染治理整县推进示范项目；加强土壤污染源头综合治理和土壤污染分类防治，严格控制新增土壤污染；强化矿山恢复治理，加大对无主尾矿库治理力度；严厉打击非法收集、贮存、转运、销售、利用、处置危险固体废物等环境违法犯罪行为；严厉打击随意处置一般工业固体废物违法行为，对工业渣场、生活垃圾填埋厂及其附属设施不正常运行、超标排放的，一律从严处罚；完善固体废弃物综合治理工作，提高生活垃圾收集处理能力，提高工业园固体废弃物综合利用和无害化处理能力，确保废弃物安全处置，逐步减少固体废弃物对土壤的污染。

继续推进污染物总量减排。扎实做好 2015 年污染源排放统计调查工作，实事求是确定"十三五"减排基数，分析测算本市减排潜力和困难，并积极争取国家、省下达任务时给予支持。制定宜春市"十三五"主要污染物排放总量控制计划，逐层分解下达减排目标任务。强化"9+1"措施，落实国家燃煤电厂超低排放电价政策，大力推进减排工程建设与运行，全力确保 COD、氨氮、SO_2、NOx 和 VOC 五项指标均完成上级下达的 2016 年度减排任务。

大力加强环境监管执法。一是加强巡查稽查。重点针对国控污染源和工业园，特别是化工园区，按照时间、区域两随机的原则，对污染源实行日常监察和抽查；重点针对环境监管执法是否到位，按照每年不少于三分之一的比例，加强对下级环境监察机构和人员的稽查，对不能履职的严肃追责。二是实施工业污染源全面达标排放计划。严格执行环境影响评价和"三同时"，确保新污染源达标排放；对现有污染源采取清洁生产和深入治理、限产限排、停业关闭等措施，确保达标排放；组织开展水泥、玻璃等重点行业和污水处理厂专项执法检查，督促企业落实达标排放主体责任。三是贯彻落实《环境保护法》和《关于加强环境监管执法的通知》，继续开展新环保法实施年活动，确保年内完成违法违规建设项目的清理工作，推动各县市区自 2016 年起实行环境监管网格化管理。用对、用好、用足新法赋予的执法手段，强化与司法机关的衔接配合，以打击恶意违法排污和造假行为，督促工业污染源达标排放为重点，加大对环境违法行为的打击力度，铁拳铁规治污，对该行政处罚和该移送的，决不手软。四是引导公众参与监督。重点加大环境质量信息、企业环境信息、环境执法信息公开，设立"环境违法信息曝光台"，探索引入环境公益诉讼，落实《环境保护公众参与办法》，充分利用环保微信举报平台，正确引导公众参与和监督环境保护，认真做好环境信访工作。

大力构建环境预防体系。一是落实红线刚性管控，拟定生态红线落地实施意见，完善以生态功能保护成效为导向的绩效考核制度，推动建立重点生态功能区产业准入负面清单制度，形成对红线区域生态功能保护的硬约束。二是加强环评源头预防。继续推进城市总体规划、流域综合规划以及能源、交通、矿产资源开发、重点产业园区等重点领域的规划环评，重点加大规划环评的执行力度，同步推进规划环评与项目环评的联动。深化建设项目环评改革，对石化化工、水利水电、采掘等对环境有重大影响的行业项目，组织开展后评价，落实《建设项目环境保护事中事后监督管理办法（试行）》，确保守住区域、行业和准入三条底线。三是加大环境宣教力度。推动实施环保新闻发言人制度，完善重大信息发布与政策解读联动机制，积极应对舆论普遍关注的热点环境问题。组织开展"2016生活方式绿色化推进年"活动，多方式、多途径宣传环保政策举措。

大力加强农村环境整治。一是深入推进新一轮农村环境连片整治。以重要饮用水水源地周边的村庄为重点，积极争取中央专项资金实施农村环境连片整治，着力改善农村人居环境。二是深入开展农村面源污染防治。会同有关部门重点加强对畜禽规模养殖污染的防治，加快养殖场标准化改造，新建、改建、扩建规模化畜禽养殖场（小区）实施雨污分流、粪便污水资源化利用。科学划定畜禽养殖禁养区，依法关闭或搬迁禁养区内的畜禽养殖场（小区）和养殖专业户。三是加强生态示范创建。加快创建国家级自然保护区、省级自然保护区、省级生态县、省级生态乡（镇）、省级生态村。积极对接生态文明建设示范县指标，确保实现生态文明示范创建工作顺利过渡。

大力强化环境风险管控。一是抓紧做好辐射环境监管历史遗留问题的清理解决工作，加大闲置、废旧放射源的监控和收贮，消除辐射环境安全隐患。二是抓紧合理布局江西省危废处置中心，加快推进南北2个危险废物处置中心的建设进度，确保江西省工业固体废物处置中心按照时间节点投入运营。三是加强危险废物监管。提高危废转入门槛，编制江西省固体废物属性鉴别程序，加强对危险废物产生单位和处理处置单位的监管。四是加强环境应急响应。督促重大环境风险企业开展隐患排查治理，消除环境安全隐患。健全环境应急管理体系，包括制度、机制、能力和专家库的建设。年内正式发布江西省环境应急预案，开展应急监测、辐射环境应急等专项演练，并按预案要求处理环境应急事件，对重特大环境事件加大调查和责任追究力度。

大力提升环保队伍素质。一是持之以恒加强党的建设。加强基层党组织规范化建设，切实增强各级党组织的凝聚力、向心力，引导广大干部职工积极投身于"十三五"期间环保各项工作，为实现环保工作的新发展提供坚强保证和强大动力。二是加强干部作风建设。巩固"三严三实"教育实践成果。以坚定理想信念为根本，以加强党性修养为核心，以提升道德境界为基础，力戒虚和浮，倡导细和实，着力锻造对党和事业忠诚，品行修养诚实，工作作风实在的环保队伍，打造重品行、守纪律、敢担当、有作为的环保文化。三是持之以恒提升干部队伍素质。加强环保队伍政治素质、专业素质、道德素质的建设，强化党章党规党纪教育，加强专业知识的学习与培训，强化良好道德、文明品行的养成。同时加强干部培养和专业人才引进力度，落实"之"字形干部培养使用模式，稳妥推动干部交流轮岗。

大力开展党风廉政建设和反腐败工作。一是加强对中央、省委省政府、市委市政府重大环保决策部署贯彻落实情况的监督检查，确保各项环保政策措施落实到位。二是加强对"两个责任"落实情况的半年督查和年终考核检查，督促各级领导干部履职尽责，加强对干部选拔任用工作的监督。三是坚持把纪律和规矩挺在前面，推动"廉洁自律准则""纪律处分条例""三严三实"的要求成为党员干部的自觉行为。四是坚持不懈纠正"四风"问题，持续开展违规公款吃喝、公车私用、津补贴或福利发放、收送礼品礼金或公款旅游、大办婚丧喜庆、参赌涉赌等问题专项整治，继续开展"领导干部违法规定插手工程建设项目问题"和"红包"问题专项治理，积极推进全市环保系统风清气正的政治生态建设。

三、景德镇市自然资源生态修复工作要点（2020）

景德镇市根据自然资源部国土空间生态修复司 2020 年工作要点及省自然资源厅国土空间生态修复处 2020 年工作计划，结合实际，制定 2020 年生态修复工作要点。

（一）目标指导

坚持以习近平新时代中国特色社会主义思想为指导，全面贯彻习近平生态文明思想，坚持节约资源和保护环境的基本国策，践行"绿水青山就是金山银山"理论，遵循节约优先、保护优先、自然恢复为主的方针，按照生态系统内在机理和客观规律，统筹和科学推荐山水林田湖草一体化保护修复，服务生态文明建设和高质量发展。

（二）工作要点

学习贯彻生态修复新政策，认真学习贯彻生态修复新政策。生态是统一的自然系统，是各种自然要素相互依存而实现循环的自然链条，要用系统思维统筹山水林田湖草治理。认真学习贯彻生态修复、土地整治等新概念、新理论，分类施策，科学修复，坚持山水林田湖草生命共同体，夯实生态文明建设理论基础。

发挥规划统筹和引领作用，编制全域国土整治和生态修复专项规划。开展国土空间生态保护修复规划研究，坚持山水林田湖草系统修复理念，针对市县域国土空间开发利用的安全、效率、品质和生态环境等主要问题，统筹确定国土综合整治和生态修复的任务目标与布局，明确乡村土地综合整治、城镇低效用地再开发、矿山生态修复、水体湿地生态修复、林地生态修复的任务目标和重点区域、重点项目，确定整治修复重点工程的规模、布局和时序安排。

开展生态修复项目建设年，申报全域土地综合整治试点。土地整治试点是以乡镇为基本单元，整体推进农用地整理、建设用地整理和乡村生态保护修复，优化生产、生活、生态空间格局，促进耕地保护和土地集约节约利用，改善人居环境，助推乡村全面振兴，组织向省厅申报 2~3 个有整治潜力的乡镇开展土地综合整治试点工作。

废弃露天矿山生态修复。按省厅要求继续推动本市饶河干流两岸各 10 千米范围内废弃露天矿山（主要为乐平市 41 个）治理行动，在保证地质环境稳定的基础上，修复和提升土地资源利用价值，结合植被恢复和山体修复，最大限度减少裸露地面，增加绿化面积。结合省厅市场化推进矿山生态修复、江西省绿色金融等相关政策，探索矿山生态修复新路径。

绿色矿山建设。贯彻落实国家、省、市生态文明建设要求，全面推进本市绿色矿山建设，加强本市绿色矿山建设工作督导，督促辖区内矿山企业按时间节点完成绿色矿山规划编制，按时开展绿色矿山施工建设，加强对绿色矿山建设技术指导。2019 年至 2020 年底，全市 16 家大中型矿山开展绿色矿山建设，确保 8 个以上大中型矿山达到国家绿色矿山建设标准。

自然资源保护专业委员会办公室工作，继续推进四个专项行动。按要求推进自然保护区整治、矿山开发整治、湿地保护和野生动物保护等 4 个专项行动，加强横向沟通，增强信息共享，定期向市环委会汇报工作情况。

加强日常监督，加强持证矿山监管。督促持证矿山严格按照"三合一"方案进行矿山地质环境恢复治理与土地复垦工作，定期开展矿山地质环境保护与恢复治理义务履行情况监督检查。开展 2019 年净增矿山恢复治理面积梳理。结合自然资源部土地矿产卫片和矿山地质环境遥感监测数据，开展净增矿山恢复治理面积遥感核实工作，核实补充新增恢复治理数据，核实确认新增损毁土地数据，提高净增恢复治理数据面积。

（三）组织保障

为全面落实中央、省、市生态文明思想，强化生态修复工作组织保障，特成立市自然资源和规划局生态修复工作领导小组。

第二节　工业园区规划

综合考虑区域主体功能定位和构建江西省区域发展新格局的战略需求，引领对接沪昆、京九高铁经济带两大驱动轴和原中央苏区振兴发展、赣东北开放合作、赣西转型升级三大协同发展区，统筹谋划区域、生态和产业空间格局，培育布局合理、疏密有度、融合一体、经济人口资源环境协调互动的都市圈。

一、区域格局

优化提升南昌市中心城区和赣江新区核心主导地位，强化九江、抚州两市中心城区战略增长极功能，构建九江—南昌—抚州和沿沪昆高铁通道两大发展轴，培育丰樟高、奉靖、鄱余万都组团发展能力，增强其他县市支撑功能，形成"一核两极两轴、三组团多支撑"的都市圈区域格局。

（一）一核

包括南昌市中心城区和赣江新区。打造都市圈发展的核心引擎、引领江西省发展的核心增长极、全国内陆双向开放试验区建设先导区、国际先进制造业基地建设核心区，建设产城融合发展示范区。培育提升集聚效应和规模效应，增强对推进集约型紧凑式发展的引领示范功能，提升在都市圈核心主导功能和辐射带动能级，推动高端产业、创新人才、创新要素优先集聚，增强高端服务和科技创新功能。

南昌市中心城区。加快打造都市圈经济中心、金融中心、科技创新中心、品质消费中心和高端服务业发展中心，培育富有国际竞争力的先进制造业和现代服务业融合发展先行区、长江中游城市群幸福产业品质化发展优势区，建设对接沪昆、京九高铁经济带的战略枢纽。聚焦推进绿色食品、现代轻纺、新型材料、机电装备制造等传统优势产业转型升级，重点培育汽车及新能源汽车、电子信息、生物医药、航空装备等战略性新兴产业发展新动能，大力发展工业设计、文化创意、健康养生、现代物流等现代服务业，提升对都市圈高质量发展的引领带动力。

赣江新区。发挥先行先试优势，打造都市圈新兴产业发展高地和创新创意之都，建设长江中游新型城镇化示范区、国际先进制造业基地建设先行区、引领江西省高质量发展的创新策源地和战略制高点，打造绿色金融与实体经济融合发展示范区。对标国际，高标准建设基础设施和配套公共服务，提升信息化、智能化、生态化水平，打造产业融合、城乡融合、产城融合发展典范区。

（二）两极

分别为九江市、抚州市中心城区。提升产业支撑力和公共服务品质，推进九江市、抚州市中心城区与南昌市中心城区和赣江新区协同发展、相向发展，带动周边县市和乡村提升发展水平。九江市中心城区。培育对都市圈发展的关键支撑功能，打造赣鄂皖省际交界地区区域经济中心和服务消费中心，形成都市圈融入对接京九高铁经济带的次级战略枢纽、长江经济带重要的区域性航运中心、长江经济带绿色发展示范区建设先导区，建设都市圈向北开放合作先行区、向东和向西开放合作战略平台。打造产业绿色转型升级典范区和都市型工业精品区，强化商贸物流、金融、文化、科教、旅游等区域中心城市服务功能，培育临江滨湖名山特色鲜明的幸福产业发展优势。

抚州市中心城区。强化对都市圈发展的重要支撑作用，形成都市圈对接沪昆高铁、向莆铁路经济带的次级战略枢纽功能，推动抚州国家级文化创新示范区建设，培育都市圈重要的新兴产业基地、全国大数据信息产业基地，打造都市圈向南、向东开放合作先行区，建设都市圈承接东部沿海产业转移示范区。以推进昌抚合作示范区、赣闽合作示范区建设为先导，主动对接南昌市和赣江新区并错位发展，积极参与海西经济区建设，深化与长三角、海峡西岸城市群的产业对接。

（三）两轴

依托铁路交通大通道，构建九江—南昌—抚州纵向发展轴和沿沪昆高铁通道横向发展轴，增强主要节点区域功能和联动发展能力，培育对优质资源要素和高端产业的集聚力，有效对接江西省区域发展新格局。

九江—南昌—抚州纵向发展轴。依托京九和昌福运输通道，发挥"一核两极"引领带动作用，提升瑞昌市、庐山市、德安县城、共青城市、永修县城、南昌县城等沿线主要节点区域功能，构建都市圈纵向发展的战略主轴。打造都市圈深化制度创新和技术创新先行区、国际先进制造业基地建设优势区，形成传统产业转型升级和新兴产业发展主干带，建成国际生态文化旅游目的地建设核心带、新型城镇化引领乡村振兴关键支撑带。

沿沪昆高铁通道横向发展轴。依托沪昆高铁通道，发挥南昌市、抚州市引领带动作用，提升进贤县城、南昌县城、高安市等沿线主要节点区域功能，构建都市圈横向发展的战略主轴。加快城际协作，优化沿线节点城镇产业发展重点和城市功能布局，协同推进相关基础设施、生态环境等建设，放大高铁同城化、一体化效应，打造都市圈对接长三角区域一体化和海峡西岸、长株潭两个城市群的连接带，建设国际先进制造业集聚带、特色生态文化旅游黄金带、城乡融合发展先行区。

（四）三组团

以交通为先导，加快推进各组团与"一核两极两轴"和周边中等城市的基础设施联通、公共服务对接。推进与南昌市同城化发展，建设南昌市和周边中等城市生态"后花园"。增强开发区引领作用，主动承接南昌辐射，支持各组团发挥自身优势，培育特色鲜明、功能互补、合作有序且富有竞争力的发展格局，构建与南昌市和赣江新区有效衔接的都市圈产业链，带动周边城镇发展和宜居城乡建设。

丰樟高组团。打造中部地区高水平的产业绿色转型带动乡村振兴先行区、循环经济示范区、特色历史文化旅游区和区域特色产业发展样板区，成为都市圈引领带动赣西转型升级发展区的中转放大平台。率先加强对接南昌城际交通等基础设施建设，培育现代物流节点功能。严格限制高污染产业发展，强化生态环境综合协同治理和产业绿色发展。提升对南昌产业的配套协作水平。

奉靖组团。打造都市圈生态休闲旅游度假区、康养产业发展优势区。推进特色农业、生态型都市农业品牌化发展，培育都市圈重要生态屏障，形成生态宜居引领型乡村振兴模式。提高交通等基础设施对接南昌的便利通达性，推动传统工业绿色转型和新兴幸福产业发展。

鄱余万都组团。打造全国知名的湖泊旅游休闲度假目的地、全国绿色优质农水产品供应基地、劳动密集型产业转移承接基地。加快补齐基础设施短板，着力推进交通基础设施对接南昌、九江和周边中等城市，在地铁建设远景规划中研究连接本组团的可行性。强化鄱阳湖生态环境治理与保护，协同推进产业绿色转型，优先发展滨湖都市型生态农业、特色和休闲农业、农产品加工业产业集群，鼓励生态、文化、旅游业融合发展，着力推动脱贫攻坚与乡村振兴相互促进。

（五）多支撑

引导都市圈内湖口县、彭泽县、修水县、武宁县、安义县等县强化与"一核两极两轴"对接发展，扬长避短，培育特色和竞争力，加快产业绿色转型，强化对都市圈发展的支撑能力。

二、生态格局

加强生态系统保护与修复，夯实自然生态本底，构筑"一带、两肺、九廊、多区"的都市圈生态格局。

（一）一带

百里长江"最美生态景观带"。坚持共抓大保护、不搞大开发，全力打造水美、岸美、产业美、环境美的沿长江岸线绿色生态景观带。划定并严格保护长江岸线生态保护区。严控长江岸线开发建设和入江污染物排放总量。全面清理岸线范围内非法设置码头、非法采砂等危及生态环境活动，严格加强垃圾治理。通过封育、补植等措施，对岸线宜林荒山荒地进行近自然修复，形成沿江生态景观带。全面系统修复长江自然岸线和湿地，提升长江岸线生态功能和景观美感度。

（二）两肺

以鄱阳湖为主的水生态"蓝肺"。以鄱阳湖水体和湿地为核心，以 1998 年鄱阳湖最高水位线向陆地延伸 3 千米为缓冲，重点保护鄱阳湖水质、湖泊湿地、野生动植物，发挥调蓄"五河"及长江洪水、保护生物多样性等作用。严格入湖水质管理，加强农业面源污染防治，保护鄱阳湖"一湖清水"。强化湿地保护和恢复治理，还鄱阳湖勃勃生机，努力打造国际知名的野生动物栖息地、大湖区域人与自然和谐相处典范区。

以山地森林为主的西部生态"绿肺"。以云居山—庐山西海风景区为核心，北至幕阜山、修河流域，南至九岭山、梅岭，形成都市圈西部生态涵养区，保护独特的生态系统和功能。全面禁止天然林商业采伐，严禁移植天然大树进城，推动低产低效天然林改造，加强退化天然林封育。通过补植造林、森林抚育、低产低效林近自然改造，全面提升人工林质量和生态功能。主动对接湖北、湖南周边地区，共同做实幕阜山地区生态环保，共推水土流失综合治理和生物多样性保护。

（三）九廊

九大重要蓝绿生态河流和湖泊廊道。依托都市圈河流水系网络，以赣江、修河、锦江、潦河、抚河、乐安河、信江、昌江八条河流为主轴，原则上按城镇段河流两侧各 50 米、非城镇段两侧各 200 米划定廊道，通过河道和滨岸带生态修复，建设集生态、水利、健身、休闲等功能于一体、蓝绿交织的河流生态廊道。沿鄱阳湖推动退耕还湿还绿、滨岸带生态修复，打造集防洪、交通、景观旅游于一体的沿湖绿色生态廊道。采取重建深塘和浅滩、恢复被裁直河段、拆除混凝土河道等积极措施，恢复河流自然形态。加强土著物种保护，恢复濒危、珍稀和特有生物物种栖息地，防止生物入侵。严格实施污染物排放标准，控制入河入湖污染物总量。

（四）多区

加强对自然保护区、风景名胜区、森林公园、湿地公园、国家级水产种质资源保护区等多个重要生态区的生态保护。对庐山桃红岭、赣西北、梅岭及东南山麓、莲花山、阁皂山、金山岭、九岭山等水土保持与生物多样性维护区，军山湖—青岚湖—金溪湖水源涵养区，神农源水土保持区等重要生态区全面禁止天然林商业采伐，推进封山育林和生态公益林建设。加快推进低产低效林近自然改造，改善林分结构，全面优化森林生态系统。加强湖泊湿地生态系统保护修复，提升生物多样性维持、洪水调蓄、水质净化和景观美学功能。

三、产业格局

以开发区和新城新区为重点发展平台，积极发挥都市圈核—极—轴辐射带动作用，形成"一中心两板块五片区多支点"的产业空间格局。

（一）一中心

南昌市和赣江新区。培育壮大智能装备、电子信息、航空装备、有色金属、虚拟现实、LED 照明、中医药、现代轻纺、绿色食品、汽车、新能源、新材料等优势特色产业，推进高端临空产业集聚，提升发展金融保险、商务会展、总部经济、科技创新、文化创意、工业设计和都市旅游等现代服务业，打造高端服务业核心集聚区。积极推动人工智能、物联网、大数据等现代信息技术与实体经济深度融合，推进产业体系智能化、数字化、绿色化和服务化。

（二）两板块

九江市。发挥九江经开区龙头引领作用，建设跨省区域性重要先进制造业基地、现代临港产业基地，重点打造石油化工、现代纺织、电子电器、新材料、新能源等五大千亿产业集群，培育发展以智能科技为核心的新技术新产业新业态新模式，加快建设八里湖、赛城湖现代服务业集聚区。

抚州市。提升抚州高新区骨干带动功能，建设南昌先进制造业协作区，重点发展生物医药、汽车及零配件、新能源新材料、现代信息四大主导产业和文化旅游、中医药、大健康、互联网经济等新兴产业，推动建设国际化全域生态文化旅游和康养产业发展高地，打造特色农业产业化集群、区域性物流中心和农业总部经济中心。

（三）五片区

昌九产业片区。主要包括南昌市北部和九江市，重点发展光电信息、智能装备、新材料、新能源、医药、现代轻纺、石油化工等先进制造业，构建九江港和南昌港组合模式，加快建设长江经济带区域航运中心。

昌抚产业片区。主要包括南昌市东部和抚州市临川区、东乡区，重点发展电子信息、生物医药、汽车及零部件、绿色食品、文化旅游等，加快昌抚合作示范区建设。

昌奉靖产业片区。主要包括南昌市西部和奉新县、靖安县，重点发展新能源及新材料、纺织服装、机电制造、生态文化旅游、循环经济等，培育有机农产品和绿色食品产业链，沿昌铜经济带打造江西省幸福产业聚集区。

昌丰樟高产业片区。主要包括南昌市西南部及丰城市、樟树市、高安市，重点发展新型装备、再生资源、光电、家具、中医药、建筑陶瓷、绿色食品产业等。

昌鄱余万产业片区。主要包括南昌市东北部及鄱阳县、余干县、万年县，重点发展机械制造、电子信息、纺织新材料、绿色食品等。

（四）多支点

发挥开发区改革开放排头兵和转型升级主阵地作用，推进开发区产业集聚集群集约发展，培育富有创新力、竞争力和辐射带动力的优势特色产业集群和领航企业，打造推进产业绿色高端化转型的"领头雁"。合理确定首位产业和主攻产业，营造产业关联、互为生态的发展格局。优化园区功能、强化产业链条、扶持重大项目、支持科技成果转化和产业化，推进"腾笼换鸟"，加快现代产业体系建设。

第三节　重点流域生态规划

一、云亭水流域环境规划（2019）

（一）流域概况

云亭水为赣江中游右岸一级支流，又名珠琳江。流域位于江西省中部，东临富田水、崇贤河，南毗潋水、良口水、通津水，北靠仙槎水、赣江，涉及兴国县、泰和县，本次规划范围为兴国县境内流域。云亭水发源于兴国县崇贤乡佛子山西北麓，河源地理坐标东经115°19′，北纬26°37′，干流流经兴国县崇贤乡和泰和县老营盘镇、上圯乡、沙村镇、冠朝镇、塘洲镇，于塘洲镇金滩村下500米注入赣江，河口地理坐标东经114°58′，北纬26°48′，主河道长92.6千米。流域面积50平方千米以上的一级支流2条。流域多年平均年降水量1540毫米，年水面蒸发量893毫米，年径流量7.03亿立方米。流域呈羽形，东南高西北低，上游为山区，中下游丘陵盆地相间。属低山丘陵区，主河道纵比降2.08%。地处华南地层去赣中南褶隆，地质年代为晚元古代震旦纪和晚古生代泥盆纪。云亭水流域集水面积761平方千米，兴国县境内河长18.9千米，流域面积65平方千米，约占全县总面积2%。

兴国县处于罗霄山山脉以东，武夷山脉以西的山区，地形以低山、丘陵为主，局部有中山分布，最高峰大乌山在县境北部，海拔1204.5米，其他低山一般高程为300～500米，中南部兴国盆地最低高程为130米左右，地势是东、北、西三面群山重叠，地势高峻，中南部以县城为中心，四周为地形起伏的低丘，南部为沿潋、濊水及平江两岸的盆地。在地质构造上，处于南岭东西向复杂构造带东段北侧，属江西南部北北东向兴国至大余断陷带和零山隆褶带的最北部。县内出露的地层有第四系、白垩系、石炭系、泥盆系、寒武系和震旦系，其中以震旦系、白垩系分布最广，大致是：白垩系分布于兴国盆地中心范围；震旦系围绕盆地大面积分布；第四系主要分布于河流干支两旁；其余地层则零星分布。地质构造奠定了本县地形地貌的基本骨架，控制着山脉走向，谢屋—社富断裂和街头层控制着兴国盆地边缘，樟木断层带显示了山脉陡峻和丘陵地貌的天然分界，两侧形成不同景观。在岩性上，变质岩有泥盆系砂岩、石炭系白云质灰岩，抗风化性强多形成高山峻岭，深沟切谷，花岗石易风化多形成丘陵岗地；紫色含钙砂砾岩则易淋溶，风化而成馒头山，它们在地貌上各具特色。全县水文地质条件比较简单，大致可分为四大类型：①松散岩类孔隙水，不甚发育分布面积 120 平方千米，主要在平江及其一级支流两岸，呈条带状分布；②红层地下水，分布在县城附近向东凸出的弯月形红色盆地范围内；③碳酸盐类岩溶水，主要分布在梅窖盆地；④基岩裂隙水，分布范围较广，又可分为两个亚类：a. 风化带网状裂隙水：分布于茶园盆地，龙岗至杰村一带，为低山区，标高约 200 ~ 700 米，山坡平缓。b. 构造裂隙水：一般在中、低山区，分布在县境边缘地区，崇山峻岭，切割剧烈，含水中等。

（二）水资源保护规划目标

至 2030 年，流域内水功能区主要控制指标达标率达到 95% 以上，水功能区污染物入河量全部控制在功能区纳污能力范围内，水环境呈良性发展；维持合理的流量，满足生态环境需水；全面解决集中式饮用水水源地安全保障问题。

（三）规划具体措施

综合考虑流域地理位置、水体现状功能及水环境敏感性等因素，并兼顾上、下游地区社会经济发展现状及趋势，规划在现有监测断面（测点）的基础上增加 1 个。监测过境状况、底质污染状况、各工矿企业污染状况、乡镇污染等状况。

加强宣传教育，提高全民水忧患意识。要加强水资源短缺的宣传，使水资源短缺意识深入人心；普及水法律法规知识，逐步倡导宣传以水权为核心的水量分配体系，强调依法治水、用水、管水；加强节水意识的宣传与引导，特别是要注意节水与经济效益的关系；切实加强水污染防治。

加快产业布局调整，优化经济结构。第一，加快产业结构调整，继续加强农业的基础地位，走新型工业化道路，加快发展现代服务业。第二，优化经济结构和产业结构，构筑以高科技产业和新型服务业为主体的能耗低、污染少的现代产业框架。按照"因地制宜、突出特色、发挥优势、分工协作"的思路，调整优化生产力布局。

加强污染源控制，实行取水总量和污染物排放总量控制，实现水环境的良性循环。污废水未达标排放或排放总量超出水环境容量的取水户的取水量应坚决予以削减，甚至取消用水权。督促超标准排放单位进行污水达标治理，保证河道有足够的自净能力，防止污染性缺水问题进一步恶化。

保障河流生态环境需水。加强云亭水梯级水利枢纽和主要支流的水库山塘群联合调度，以维护河流健康、促进人水和谐为基本宗旨，统筹防洪、发电等与生态的关系，协调上、下游河流水体生态环境需水量的关系；严格执行好梯级水库的最小下泄生态流量调度制度；加强各主要支流水系的水资源管理，保障河流生态基础流量。

强化管理，实现水资源合理利用。改革水管理体制，实行城乡水务一体化管理。实施取水许可制度，强化水资源统一管理。加强经济手段在水资源配置中的调控作用。

健全水法制体系，保障依法管理水资源。坚持依法治水、科学治水的方针，逐步建立健全水资源开发与管理的法律法规体系。

加强饮用水水源地保护，清拆和关闭水源地周边的非法建筑和排污口，推行清洁生产、推广工业废水和生活污水的生态治理和污水回用技术，治理水土流失、推行农田最佳养分管理、加大农村生活垃圾处理等污染源控制措施；物理隔离、生物隔离、生态滚水堰、前置库、湖库周边及内部生态修复工程等保护及综合整治措施对饮用水水源地进行保护。

加强保护区和保留区的监督管理，调整产业结构，推行清洁生产。淘汰不符合产业政策的污染企业。实施排污口整治工程。建设城市生活垃圾处理场，集中处理生活垃圾，避免垃圾扩散污染水质。完善地方水资源保护的政策法规体系等。

二、上饶市丰溪河流域综合规划（2019）

（一）规划范围及流域概况

规划范围：本次丰溪河流域规划范围中江西省范围内的丰溪河流域，即棠陵港（江西省境内部分）以及丰溪河干流（自棠陵港与十五都港汇合处溪东至丰溪河出口止），及其支流，流域面积2258平方千米，河道全长117千米，行政区划范围涉及广丰区、上饶县和信州区部分乡镇，其中以广丰区境内范围居多。

规划内容：拟定丰溪河流域综合利用开发的主要任务是防洪、灌溉、供水、治涝、水力发电、河道整治、水土保持生态建设、水利血防、水资源保护和流域水利管理与信息化建设等。防洪规划：对流域范围内丰溪河（项家圩堤、五都圩堤等17处圩堤）和棠岭港（高厅圩堤、溪头圩堤等6处圩堤）进行加固加高，合计整治堤线长度115.35千米（加固加高103.32千米、新建6.94千米）；同时对流域内小（2）型以上病险水库进行除险加固处理，包括关里水库、石弄等20座水库，总计土石方开挖189685立方米、土石方回填147954立方米、混凝土及钢筋混凝土17460立方米、浆砌石101440立方米、混凝土预制块护坡268390平方米、钢材848吨。灌溉规划：规划一个大型的饶丰灌区、3个中型灌区（花厅灌区、上潭灌区、朝阳灌区）和3个万亩以下的小型灌区（拓阳灌区、排山灌区、吴村灌区）。供水规划：按自来水、自流引水和大口井泵三种方式解决居民用水问题，接自来水辐射区：永丰、下溪、芦林、丰溪、洋口、霞峰、枧底、横山、桐畈、五都、毛村、朝阳、皂头等乡镇街办。自流引水区：铜钹山、横山、沙田、泉波、嵩峰、毛村、吴村、朝阳、皂头等乡镇。大口井泵站供水区：桐畈、沙田、毛村、嵩峰、泉波、排山、吴村、壶峤、下溪、洋口、少阳、朝阳、皂头等乡镇。治涝规划：广丰城区划分为麦田坂、小南门、卷烟厂3个涝区进行内涝治理，洋口镇分镇区所在地和河北洲头2个涝区治理，其中广丰城区3个涝区设1个电排站，设计排涝流量 14.24 立方米 / 秒，装机容量为 900 千瓦，洋口镇两个涝区设 1 个电排站，设计排涝流量 21.73 立方米 / 秒，装机容量为 1760 千瓦。水力发电规划：丰溪河流域范围内共有小水电站 44 座，本次规划对其中 30 座进行更换机电设备、改建厂房、更换输电线路等，无新建电站。河道整治规划：包括岸线利用规划、河道清障整治规划以及河道疏浚采砂规划。水土保持建设规划：规划区内到 2030 年共综合治理水土流失面积 35976 公顷，其中坡改梯 500 公顷，保土耕作 620 公顷，水土保持林 6220 公顷，经济林 4140 公顷，封禁治理面积 11652 公顷，种草 12844 公顷。开挖环山竹节沟及截水沟 6302 千米，建谷坊 126 个，开敞式矩形蓄水池 50 座，沉砂池 250 个，道路工程 12 千米。林草措施中栽植湿地松 646.3 万株，果木林栽植梨 83.3 万株，经济林高产油茶栽植 518.9 万株。水利血防规划：结合水利建设规划，对水利骨干渠道、排水渠及重点疫区河道进行改造，通过整坡、加固、护坡硬化，使之满足水利及血防双重要求。水资源保护规划：通过提高用水效率、降低工业用水量提高用水重复利用率、科学灌溉、农村污水治理等。

（二）规划环境影响

流域综合规划的实施带来的有利影响主要体现在以下几个方面：

通过防洪减灾、水资源综合利用和水土保持规划，保障防洪安全，提高治涝标准，保障人民生命财产安全及社会安定，促进经济社会发展，综合治理水土流失，保护生态环境，改善山区人民的生产生活条件。

通过供水、灌溉规划，可保障城乡饮水安全，满足供水要求，提高灌区经济、环境效益。

通过水资源与水生态环境保护规划，可保障水体水质和生态环境用水，满足生活、生产和生态用水的水量和水质要求；可舒缓治理开发对生物生境、生物多样性和完整性的影响。

通过流域综合管理规划，可建立起高效的跨部门和跨地区协调机制、流域生态补偿机制，实现水质、水量和水生态环境信息的联合监测和采集，提高科技支撑能力。

流域综合规划的实施带来的不利影响主要体现在以下几个方面：

规划实施期，施工废水主要来源于混凝土拌合系统废水、混凝土浇筑养护废水、机修及汽车保养废水等及施工人员生活污水。主要污染物为 COD、NH3-N、SS、石油类等，施工废水若处理不当直接排放会对地表水环境造成一定污染。

规划电站大部分为引水式发电站，库容均较小，水体交换频繁，基本与天然河道相似，而且没有新的污染物加入，对水质影响甚微。对减水河道水质的影响主要在非汛期，非汛期河水大量减少，仅保持生态流量，将使河道的自净能力降低，但河流污染负荷较小，且减水河段有一些小的支流可补充部分水量，河水污染物将得到一定稀释和自净，对水质影响不大。

生态环境影响概述：规划的电站均为现状已建成电站，根据调查，现状电站周边生态环境总体较好，本次评价结合环办环评函〔2018〕325 号和水电〔2018〕312 号等文件要求，对部分电站实施整改，对区域生态环境影响有利。

（三）改进措施

水污染预防措施：①开展流域水资源保护联防联治工作；②加强水资源保护能力建设。水环境改善措施：①加强流域水利工程水量水质联合调度；②加强流域农业面源污染治理；③落实水土保持规划，加强生态环境建设等。保障与补偿措施：①保障生态环境需水；②加强流域生态补偿机制建设等。

生态保护对策措施。陆生生态保护对策措施：宣传教育；加强生态敏感区管理；加强监督管理制度体系建设；合理安排规划实施时序；加强管理，规范施工；依据生态监测结果，合理制定保护措施；人工恢复植被，重建生态系统；严格落实水土保持规划与措施；种质资源保护和种群大小恢复；实施生态修复等。湿地生态保护对策措施：预防措施；影响最小化措施；修复和补救措施等。水生生态保护对策措施：生态需水保障；栖息地保护；重要生境修复；鱼类增殖放流；加强水生态保护管理等。

社会环境保护对策措施：严格保护耕地、控制耕地资源流失；耕地复垦；防止土地退化；推进土地节约集约利用等。

环境敏感区保护对策措施：饮用水水源地保护对策措施；生态敏感区保护对策措施等。

规划的实施有助于改善现状丰溪河流域生态环境，但规划实施仍将不可避免地对环境产生一定负面影响，但只要能够落实本环境影响报告书提出的污染防治对策及生态环境保护措施，严格执行"三同时"制度，加强环保设施管理和维护，不利环境影响可以得到有效控制。在下一步实施阶段进一步落实有效的环境影响减缓措施的基础上，规划实施不存在重大环境制约因素，规划目标和环境目标总体合理、可达。

三、江西省长江流域重点水域禁捕退捕工作实施方案（2019）

根据《国务院办公厅关于加强长江水生生物保护工作意见》（国办发〔2018〕95号）和《农业农村部财政部人力资源社会保障部关于印发〈长江流域重点水域禁捕和建立补偿制度实施方案〉的通知》（农长渔发〔2019〕1号）要求，加快推进长江流域重点水域禁捕退捕工作，大力推进江西省国家生态文明试验区建设，制定本实施方案。

（一）总体要求

深入贯彻习近平总书记视察江西时的重要讲话精神，全面落实党的十九大报告和中央关于加强生态文明建设、共抓长江大保护和促进就业保障民生等方面决策部署，促进生态、生产、生活有机统一、共赢发展。坚持把修复长江生态环境摆在压倒性位置，在长江流域重点水域实施有针对性的禁捕政策，有效恢复水生生物资源，促进长江水域生态功能恢复。按照打赢脱贫攻坚战、全面建成小康社会的总要求，努力促进退捕渔民就业创业，保障渔民根本利益和维护社会稳定。

坚持属地负责、统筹推进。各设区市政府承担禁捕退捕工作的主体责任，禁捕水域所在县（市、区）政府承担属地责任，中央和省级财政根据禁捕退捕工作任务实行资金奖补。各地要统筹各方力量，完善工作机制，充分衔接相关政策，整合相关资金，统筹推进禁捕退捕工作。

坚持因地制宜、精准施策。各有关市、县（区）政府根据禁捕退捕总工作任务和要求，因地制宜，分类施策，认真制定本辖区具体工作方案，充分调动乡村基层组织的积极性和创造性，压实基层组织的工作责任，确保禁捕退捕政策落到实处。

坚持以人为本、保障民生。积极稳妥引导退捕渔民转岗就业创业，有效保障渔民基本生计，确保渔民退得出、稳得住、能小康。

坚持公开透明、确保稳定。规范有序推进各项禁捕退捕工作，自觉接受公众监督。健全矛盾排查机制，畅通问题解决渠道，完善应急处置预案，确保禁捕退捕渔区社会稳定。

（二）目标任务

按照"禁得住、退得出、能小康"的总体目标，结合乡村振兴战略、生态环境保护攻坚战、脱贫攻坚战和鄱阳湖区联谊联防机制，全面完成江西省长江流域重点水域禁捕退捕任务。2020年1月1日零时起，水生生物保护区和长江江西段实行全面禁捕。2021年1月1日零时起鄱阳湖实行全面禁捕。其他水域由各相关市县政府根据相关规定制定禁捕退捕政策并实施。

（三）具体措施

全面摸底核查。各相关县（市、区）政府要严格按照"造册填表登记、村组评议并公示、乡镇入户确认并公示、县级联合审核"的程序，建档立册，在2019年10月底前全面完成辖区内渔民身份、渔船渔具、土地资料、就业方向、职业培训需求等基本情况的登记确认工作。（省农业农村厅负责，相关市、县〔区〕政府负责落实）

发布禁渔通告。根据相关法律法规和政策要求，长江干流江西段、鄱阳湖和水生生物保护区由省农业农村厅发布禁渔通告。水生生物保护区坐标范围由所在地政府发布。其他水域禁捕工作由省农业农村厅根据有关规定统筹安排。（省农业农村厅负责，相关市、县〔区〕政府负责落实）

注销捕捞证和回收船网工具。科学制订捕捞证注销及禁捕船网工具回收处置办法，明确捕捞船网回收时间、类型、程序、补偿标准等，对禁捕水域的合法捕捞渔船、网具、动力机械进行合理回收补偿和处置。（省农业农村厅牵头，省财政厅、省交通运输厅配合，相关市、县〔区〕政府负责落实）

强化社会保障。积极做好退捕渔民的社会保障，做到应保尽保，兜牢民生底线。对符合条件的退捕渔民，将其纳入相应的社会保险范围，按规定参加企业职工基本养老保险或城乡居民基本养老保险；对退捕渔民中符合当地最低生活保障的家庭，经个人申请，按程序纳入当地最低社会保障范围；退捕渔民的医疗和子女教育等保障按属地管理原则，由当地政府根据有关政策，妥善安排解决；退捕渔民统一纳入大病保险和大病救助范围，血防区可将退捕渔民纳入当地血吸虫病重点防治对象，对符合条件的给予相应救助。（省人力资源社会保障厅、省财政厅、省民政厅、省医保局、省卫生健康委、省教育厅按职责分工负责，相关市、县〔区〕政府负责落实）

探索退捕渔民移民路径。积极争取国家支持，探索鄱阳湖湖心岛、人均三分地以下等捕捞渔村的移民路径，充分利用生态补偿等相关资金，制订符合湖区特色的退捕渔民移民政策，促进全湖禁捕工作顺利完成。（省发展改革委牵头，省民政厅、省财政厅、省住房城乡建设厅、省扶贫办、省生态环境厅、省自然资源厅等配合，相关市、县〔区〕政府负责落实）

加强就业创业帮扶。积极帮助退捕渔民实现转岗就业。对有就业创业意愿和能力的渔民，按照常住地原则，全面纳入公共就业创业服务体系，切实加强创业指导、培训和跟踪服务，并按规定落实惠农信贷、税费减免、贷款贴息、创业担保贷款等政策。对转岗就业难度大的大龄、伤残等困难渔民，符合条件的，及时按规定认定为就业困难人员，纳入就业援助体系。（省人力资源社会保障厅、省市场监管局、省农业农村厅按职责分工负责，相关市、县〔区〕政府负责落实）

壮大渔村集体经济。以专业捕捞渔村为重点，精准制定产业扶助政策。通过部门协作、对口支援、定点帮扶等举措，发挥渔村特有的自然资源及渔民自身特长等优势，发展乡村旅游、交通运输或其他种养殖产业等，壮大渔村集体经济和特色产业。（省农业农村厅牵头，省文化和旅游厅、省交通运输厅、省扶贫办配合，相关市、县〔区〕政府负责落实）

建立退捕生态补偿机制。争取国家政策支持，结合禁捕水域水资源、渔业资源、砂石资源、矿产资源等利用情况，建立江西省禁捕退捕生态补偿机制，科学划定禁捕退捕生态影响补偿范围，规范补偿标准，明确补偿主体，确定补偿措施和补偿责任。各地统筹整合农业资源及生态保护等各类生态补偿资金，支持水生生物保护、退捕渔民转产补助等工作，积极引导公益组织投入，建立长效管护机制。（省自然资源厅牵头，省发展改革委、省生态环境厅、

省水利厅、省农业农村厅、省国资委、省林业局配合，相关市、县〔区〕政府负责落实）

加大渔业资源保护与利用。建立禁捕区域水生生物资源调查监测体系和评估机制，全面掌握水生生物资源动态变化情况，为制订禁捕后续管理配套政策提供科技支撑。在科学评估基础上，灵活运用国家"一湖一策"政策，加大鄱阳湖渔业资源保护和利用，积极探索鄱阳湖特色渔业资源特许捕捞制度。（省农业农村厅牵头，省国资委、省自然资源厅、省林业局配合）

（四）工作要求

一要加强组织领导。省政府已成立省重点水域禁捕退捕工作领导小组，全面统筹协调推进禁捕退捕工作。有禁捕退捕任务的市、县（区）政府要落实属地责任，尽快组建工作专班，明确主管领导和部门责任，完善工作机制，细化工作方案和政策措施，层层抓落实。长江江西段及鄱阳湖区所在的设区市政府和重点县（市、区）政府主要负责同志要担任领导小组组长，统筹推进禁捕退捕工作。（省农业农村厅负责，相关市、县〔区〕政府负责落实）

二要落实支持政策。各级财政部门要统筹安排禁捕资金，主要支持退捕渔民临时生活补助、社会保障、职业技能培训、生态移民等相关工作。加大禁捕宣传动员、提前退捕奖励、加强执法管理、突发事件应急处置等与禁捕直接相关工作的经费支持力度。制定江西省禁捕项目实施管理办法，加强财政资金绩效考评和资金监管，确保资金拨付及时、安全使用。（省财政厅、省农业农村厅、省人力资源社会保障厅按职责分工负责，相关市、县〔区〕政府负责落实）

三要强化渔政执法。切实加强渔政、水警执法队伍和执法装备能力建设，加大执法监管力度，强化行刑衔接，严厉打击禁捕水域偷捕、"电毒炸"鱼等违法犯罪行为，持续巩固禁捕效果。建立健全多部门、跨区域的禁捕联合巡查执法机制，充分运用无人机、高清监控等科技手段，提高涉渔执法监管效率。（省农业农村厅、省公安厅按职责分工负责，相关市、县〔区〕政府负责落实）

四要化解重大风险。切实健全风险防控和应急处置预案，将禁捕退捕工作与扫黑除恶专项斗争结合起来，严厉打击"渔霸""船霸"等黑恶势力。加强舆论引导，广泛宣传禁捕退捕必要性和重大意义，让禁捕退捕政策家喻户晓，形成全民关注和支持禁捕退捕工作的良好舆论氛围。充分预计和严密防范禁捕退捕可能引发的舆情风险，强化群体性事件舆情导控。（省委网信办、省农业农村厅、省公安厅、省广电局按职责分工负责，相关市、县〔区〕政府负责落实）

五要严格绩效考核。各级政府要把水生生物保护区、长江江西段、鄱阳湖区禁捕和捕捞渔民退捕作为落实生态文明建设的约束性任务，纳入地方政府高质量发展绩效考核和河长制等目标任务考核体系。省政府将组织有关部门开展专项考核。对工作推进不力、责任落实不到位的地区、单位和个人依法依规问责追责。（省农业农村厅、省水利厅按职责分工负责，相关市、县〔区〕政府负责落实）

第六章 江西省绿色绩效评价

第一节 绿色发展评价体系

一、绿色发展评价体系来源

资源环境生态问题是我国现代化进程中的瓶颈制约，也是全面建成小康社会的明显"短板"。党中央、国务院就推进生态文明建设做出一系列决策部署，提出了创新、协调、绿色、开放、共享的新发展理念，印发了《关于加快推进生态文明建设的意见》（中发〔2015〕12号）、《生态文明体制改革总体方案》（中发〔2015〕25号），"十三五"规划纲要进一步明确了资源环境约束性目标，增加了很多事关群众切身利益的环境质量指标。

生态文明建设的成效如何，党中央、国务院确定的重大目标任务有没有实现，老百姓在生态环境改善上有没有获得感，需要一把尺子来衡量、来检验。习近平总书记、李克强总理多次对生态文明建设目标评价考核工作提出明确要求，2016年中央将《生态文明建设目标评价考核办法》列入了改革工作要点和党内法规制定计划，说明这项工作十分重要，该绿色体系的出台：

一是有利于完善经济社会发展评价体系。把资源消耗、环境损害、生态效益等指标的情况反映出来，有利于加快构建经济社会发展评价体系，更加全面地衡量发展的质量和效益，特别是发展的绿色化水平。

二是有利于引导地方各级党委和政府形成正确的政绩观。实行生态文明建设目标评价考核，就是要进一步引导和督促地方各级党委和政府自觉推进生态文明建设，坚持"绿水青山就是金山银山"，在发展中保护、在保护中发展，改变"重发展、轻保护"或把发展与保护对立起来的倾向和现象。

三是有利于加快推动绿色发展和生态文明建设。实行生态文明建设目标评价考核，使之成为推进生态文明建设的重要约束和导向，可加快推动中央决策部署落实和各项政策措施落地，为确保实现 2020 年生态文明建设的战略目标提供重要的制度保障。

二、绿色发展科学评价体系

在建设生态文明的长期过程中，科学合理的绿色发展指数的明确会为全社会评价地方绿色发展阶段明晰标准。国家统计局、国家发改委、环境保护部、中央组织部会同有关部门共同发布了我国各地区的绿色发展指数。这是我国官方首次发布绿色发展指数，意义堪称重大。对此，外界舆论给予了一致性认可评价，认为科学、合理、公正、权威的绿色发展指数是绿色发展评价体系的重要组成部分，对完善我国生态文明建设国家治理体系以及推动全国上下进一步明确生态文明建设方向，谋求绿色转型发展而言无疑将带来助推剂的良性作用。

生态文明建设的提出与我国寻求经济结构调整和转型发展不期而遇，又逢世界经济调整期，我国经济走向新常态的发展阶段。值得一提的是，我国经济进入新常态，经济发展方式要从过去粗放的、追求数量的增长向质量效益型增长转变，当前，环境问题已成全面建成小康社会之短板，必须在供给侧结构性改革中补齐，加大治理力度，推动绿色发展取得新突破。治理污染、保护环境，事关人民群众健康和可持续发展，必须强力推进，下决心走出一条经济发展与环境改善双赢之路。

决策层早已明确提出的既定方向，而围绕对生态环境的保护，以及建设美丽中国等一系列目标要求，势必需要从制度机制上营造出有利于地方遵循的发展路径，其中，在摒弃唯 GDP 论的考核评价体系之余，首次提出绿色发展指数势必能为地方提升实现绿色发展积极性带来积极作用。当然，这一过程注定是长期的，但正如党的十九大报告所指出的："建设生态文明是中华民族永续发展的千年大计。必须坚持节约资源和保护环境的基本国策，实行最严格的生态环境保护制度。"

科学合理的绿色发展指数的明确会为全社会评价地方绿色发展阶段明晰

标准。据了解，此次绿色发展指数是遵照党中央和国务院指示精神，在研究和总结国内外绿色发展和可持续发展等相关理论和实践成果的基础上，结合中国经济增长和环保的现实，开展的《绿色发展指标体系》和《绿色发展指数计算方法》研制和 2016 年绿色发展指数测评工作，其指标体系的特点是：既强调把绿色与发展结合起来的内涵，强调了资源、生态、环境、生产与生活等多方面，更突出了各地区的绿色发展的测评与比较。

标准体系能够科学涵盖经济社会的绿色发展水平，有助于地方不断改进政策措施，继而持续提升我国生态环境总体向好的态势。当前，我国生态环境的总体形势距离生态文明建设提出到 2020 年资源节约型和环境友好型社会建设取得重大进展、主体功能区布局基本形成、经济发展质量和效益显著提高、生态文明主流价值观在全社会得到推行、生态文明建设水平与全面建成小康社会目标相适应的主要目标仍有差距，而官方编制和公布绿色发展指数，其目的就是为了服务于构建政府为主导、企业为主体、社会组织和公众共同参与的生态文明建设体系，共同为富民强国做贡献。正如党的十九大报告所提出的，建设生态文明是中华民族永续发展的千年大计。绿色发展与生态文明建设一样，同样应属千年大计，功在当代利在千秋。因此，值得呼吁的是，全社会应秉承我国首次发布的绿色发展指数契机，用好科学评价工具，坚定不移地推进生态文明建设，推动美丽中国建设不断向前迈进。

三、绿色发展评价体系内容

绿色发展指标体系，包含考核目标体系中的主要目标，增加有关措施性、过程性的指标，指标体系总共分为两级指标，一级指标中包括资源利用、环境治理、环境质量、生态保护、增长质量、绿色生活、公众满意程度 7 个方面，二级指标中共包括 56 项评价指标，测算方法采用综合指数法测算生成绿色发展指数，衡量地方每年生态文明建设的动态进展，侧重于工作引导。年度评价按照《绿色发展指标体系》实施，主要评估各地区生态文明建设进展的总体情况，引导各地区落实生态文明建设相关工作，每年开展一次。其中具体的绿色发展指标体系测算如下表（表 6-1）：

表 6-1 绿色发展指标体系

一级指标	序号	二级指标	计量单位	指标类型	权数（%）	数据来源
一、资源利用（权数=29.3%）	1	能源消费总量	万吨标准煤	◆	1.83	省统计局、省发改委、省能源局
	2	单位 GDP 能源消耗降低	%	★	2.75	省统计局、省发改委、省能源局
	3	单位 GDP 二氧化碳排放降低	%	★	2.75	省发改委、省统计局
	4	可再生能源生产量	万千瓦时	★	2.75	省能源局、省统计局
	5	用水总量	亿立方米	◆	1.83	省水利厅
	6	万元 GDP 用水量下降	%	★	2.75	省水利厅、省统计局
	7	单位工业增加值用水量降低率	%	◆	1.83	省水利厅、省统计局
	8	农田灌溉水有效利用系数		◆	1.83	省水利厅
	9	耕地保有量	万亩	★	2.75	省国土资源厅
	10	新增建设用地规模	万亩	★	2.75	省国土资源厅
	11	单位 GDP 建设用地面积降低率	%	◆	1.83	省国土资源厅、省统计局
	12	资源产出率	万元、吨	◆	1.83	省统计局、省发改委
	13	一般工业固体废物综合利用率	%	△	0.92	省环保厅
	14	农作物秸秆综合利用率	%	△	0.92	省农业厅
二、环境治理（权数=20.2%）	15	化学需氧量排放总量减少	%	★	2.75	省环保厅
	16	氨氮排放总量减少	%	★	2.75	省环保厅
	17	二氧化碳排放总量减少	%	★	2.75	省环保厅
	18	氮氧化物排放总量减少	%	★	2.75	省环保厅
	19	危险废物处置利用率	%	△	0.92	省环保厅
	20	生活垃圾无害化处理率	%	◆	1.83	省建设厅
二、环境治理（权数=20.2%）	21	污水集中处理率	%	◆	1.83	省建设厅
	22	环境污染治理投资占 GDP 比重	%	△	0.92	省环保厅、省建设厅、省统计局
	23	农村生活垃圾减量化资源化无害化处理建制村覆盖率	%	◆	1.83	省农办
	24	城镇生活垃圾增长率	%	◆	1.83	省建设厅

一级指标	序号	二级指标	计量单位	指标类型	权数（%）	数据来源
三、环境质量（权数=19.3%）	25	空气质量优良天数比率	%	★	2.75	省环保厅
	26	细颗粒物（PM2.5）浓度降低率	%	★	2.75	省环保厅
	27	地表水达到或好于Ⅲ类水体比例	%	★	2.75	省环保厅、省水利厅
	28	地表水劣Ⅴ类水体比例	%	★	2.75	省环保厅、省水利厅
	29	重要江河湖泊水功能区水质达标率	%	◆	1.83	省水利厅
	30	县级及以上城市集中式饮用水水源地水质达标率	%	◆	1.83	省环保厅、省水利厅
	31	近岸海域水质优良（一、二类）比列	%	◆	1.83	省海洋与渔业局、省环保厅
	32	受污染耕地安全利用率	%	△	0.92	省农业厅
	33	单位耕地面积化肥使用量	千克/公顷	△	0.92	省地方统计调查局
	34	单位耕地面积农药使用量	千克/公顷	△	0.92	省地方统计调查局
四、生态环保（权数=12.8%）	35	森林覆盖率	%	★	2.75	省林业厅
	36	森林蓄积量（林木蓄积量）	万立方米	★	2.75	省林业厅
	37	自然岸线保有率（大陆自然岸线保有长度）	%（千米）	◆	1.83	省海洋与渔业局
	38	湿地保护率	%	◆	1.83	省林业厅、省海洋与渔业局
	39	陆域自然保护区面积	公顷	△	0.92	省环保厅、省林业厅、省国土资源厅
	40	海洋保护区面积	公顷	△	0.92	省海洋与渔业局
	41	新增水土流失治理面积	公顷	△	0.92	省水利厅
	42	新增矿山恢复治理面积	公顷	△	0.92	省国土资源厅
五、增长质量（权数=9.2%）	43	人均GDP增长率	%	◆	1.83	省统计局
	44	居民人均可支配收入	元/人	◆	1.83	国家统计局浙江调查总队、省统计局
	45	第三产业增加值占GDP比率	%	◆	1.83	省统计局
	46	战略性新兴产业增加值占GDP比重	%	◆	1.83	省统计局
	47	研究与实验发展经费支出占GDP比重	%	◆	1.83	省统计局

一级指标	序号	二级指标	计量单位	指标类型	权数（%）	数据来源
六、绿色生活（权数=9.2%）	48	公共机构人均能耗降低率	%	△	0.92	省机关事务管理局
	49	绿色产品市场占有率（高效节能产品市场占有率）	%	△	0.92	省发改委、省经信委、省质检局
	50	新能源汽车保有量增长率	%	◆	1.83	省公安厅
	51	绿色出行（城镇每万人口公共交通客运量）	万人次/万人	△	0.92	省交通运输厅、省统计局
	52	城镇绿色建筑占新建建筑比重	%	△	0.92	省建设厅
	53	县级及以上城市建成区绿地率	%	△	0.92	省建设厅
	54	农村自来水普及率	%	◆	1.83	省水利厅
	55	农村无害化卫生厕所普及率	%	△	0.92	省卫生计生委
七、公众满意程度	56	公众对生态环境质量满意程度	%	—	—	省统计局等有关部门

注：（1）标★的为《国民经济和社会发展第十三个五年规划纲要》确定的资源环境约束性指标（其中：可再生能源生产量作为非化石能源占一次能源消费比重的替代指标）；标◆的为《国民经济和社会发展第十三个五年规划纲要》《中共中央、国务院关于加快推进生态文明建设的意见》等提出的主要监测评价指标；标△的为其他绿色发展重要检测指标，根据其重要程度，按总权数为100%，三类指标的权数指标为 3 ： 2 ： 1 计算，标★的指标权数为 2.75%，标◆的指标权数为1.83%，标△的指标权数为 0.92%，6 个一级指标的权数分别由其所包含的二级指标权数汇总生成。

（2）绿色发展指标体系采用综合指数法进行测算，"十三五"期间，以 2015 年为基期，结合"十三五"规划纲要和相关部门规划目标，测算江西省及各市、县（市、区）绿色发展指数和资源利用指数、环境治理指数、环境质量指数、生态保护指数、增长质量指数、绿色生活指数 6 个分类指数。绿色发展指数由除"公众满意程度"之外的 55 个指标个体指数加权平均计算而成。计算公式为：

$$Z = \sum_{i=1}^{N} W_i Y_i \ (N=1，2，\cdots，55)$$

其中，Z 为绿色发展指数，Y_i 为个体指数，N 为指标个数，W_i 为指标 Y_i 的权数，绿色发展指标按评价作用分为正向和逆向指标，按指标数据性质分为绝对数和相对数指标，需对各个指标进行无量纲化处理。具体处理方法是将绝对数指标转化成相对数指标，将逆向指标转化为正向指标，将总量控制指标转化成年度增长控制指标，然后再计算个体指标。

（3）公众满意程度为主管调查指标，通过江西省统计局组织的抽样调查来反映对生态环境的满意程度，调查采取分层多阶段抽样调查方法，通过采用计算机辅助电话调查系统，随机地抽取城镇和乡村居民进行电话访问，根据调查结果综合计算江西省及各市、县（市、区）的公众满意程度，该指标不参与总指数计算，进行单独评价与分析，其分值纳入生态文明建设考核目标体系。

（4）省负责对个市、县（市、区）的生态文明建设进行监测评价，对有些地区没有的地域性指标相关指标不参与总指数计算，期权数平均分摊至其他指标，体现差异化。

（5）绿色发展指数所需数量来自各地区、各部门负责按时提供数据，并对数据质量负责。

第二节　绿色发展绩效评价关键指标解读

一、建立指标体系做实做细做好生态文明建设工作

2019 年 2 月 21 日，省委书记刘奇主持召开省生态文明建设领导小组 2019 年第一次会议。他强调，要深入学习贯彻习近平生态文明思想，从更高层次贯彻落实习近平总书记对江西工作的重要要求，始终坚持问题导向、目标导向、效果导向，深入推进国家生态文明试验区建设，以钉钉子的精神做实做细做好生态文明建设工作，奋力迈出打造美丽中国"江西样板"新步伐，共绘新时代江西物华天宝人杰地灵新画卷。

会议审议并原则通过了江西省国家生态文明试验区建设 2019 年工作要点、关于加快生态文明制度建设和经验总结推广全面推进国家生态文明试验区建设工作方案、南昌山水林田湖草生命共同体示范区总体建设方案，通报了 2017 年江西省生态文明建设年度评价结果、2016—2017 年江西省生态文明建设目标考核情况。

刘奇指出，2016 年中央确定江西省为国家生态文明试验区以来，江西省上下牢记习近平总书记关于打造美丽中国"江西样板"的殷殷嘱托，认真落实中央关于生态文明建设的部署要求，生态制度改革成效明显，污染防治攻坚战稳步推进，绿色发展水平不断提高，生态创建亮点纷呈，国家生态文明试验区建设实现了"两年有变化"的目标。当前，江西省生态文明建设正处于关键期、攻坚期、窗口期，任务繁重、挑战巨大。大家必须从树牢"四个意识"、坚定"四个自信"、坚决做到"两个维护"的政治高度，全面认清形势，坚持问题导向，拿出务实举措，深入推进生态文明建设，擦亮国家生态文明试验区这个金字招牌。

要更加重视处理好发展与保护的关系，既打破传统路径依赖、狠抓生态环境保护不放松，又善于闯出新路、下大力气培育发展新动能，加快推进高

质量跨越式发展。要以滚石上山的韧劲，坚决抓好突出问题整改，全力打好八大标志性战役，切实加强生态保护修复，打好打赢污染防治攻坚战，持续巩固提升江西省生态优势。要以改革创新的精神，加快构建生态文化体系、生态经济体系、目标责任体系、生态文明制度体系、生态安全体系，探索形成更多美丽中国"江西样板"的制度成果。要以转型升级的理念，始终坚持在保护中发展、在发展中保护，严格制定产业准入负面清单，培育壮大绿色产业，大力发展节能环保产业，协同推进经济高质量发展和生态环境高水平保护，积极争创绿色发展新优势。

江西省各地各部门要提高政治站位，加强组织领导，切实把生态文明建设作为一项重大政治任务、重大民生工程、重大发展问题来抓。各级党政主要领导要对本地生态文明建设负总责，抓好环境突出问题整改工作，层层压实责任、级级传导压力，加强生态文明考核，加大舆论宣传引导力度，凝聚共同推进新时代生态文明建设的强大合力。

二、江西绿色发展指数在中部六省中处于领先地位

江西财经大学生态文明研究院 2019 年 12 月 22 日在南昌发布了《江西绿色发展指数绿皮书（2019）》，绿皮书测算结果显示：中部 6 省绿色发展指数，江西连续四年排名第一。

《江西绿色发展指数绿皮书（2019）》对中部 6 省、江西 11 个设区市和 21 个城市，从省域、市域和城市三个尺度，对绿色发展指数进行了测度，涉及绿色环境、绿色生产、绿色生活、绿色政策 4 个一级指标和资源禀赋、生态保护、环境压力、增长质量、资源节约、循环利用、绿色居住、绿色出行、绿色消费、绿色投资、环境治理 11 个二级指标以及 39 个三级指标。

在中部 6 省排名中，江西省连续排名首位，突出表现为遥遥领先的绿色环境指数、绿色生活指数和绿色政策指数。

江西省 11 个设区市绿色发展指数，抚州市、吉安市常年排名靠前。五年（2013—2017）平均值排名依次为吉安、抚州、鹰潭、上饶、赣州、南昌、九江、宜春、景德镇、新余、萍乡。抚州市、吉安市绿色发展水平突出，主要因为绿色生产、绿色生活水平较高；而绿色发展水平较低地区主要是在绿

色环境、绿色生活、绿色生产方面表现较差。

三、完善生态文明建设目标评价考核办法

《江西省生态文明建设目标评价考核办法（试行）》（以下简称《考核办法》）正式颁布，这是江西省大力推进生态文明试验区建设，进一步推动绿色发展和生态文明建设，引导地方各级党委和政府形成正确的政绩观的重大举措。

江西省早在2013年就建立了一套市县科学发展综合考核评价指标体系，并逐年加大对生态文明建设的考评力度，突出绿色发展"指挥棒"作用。与2013年相比，去年江西省县（市、区）生态文明建设考评权重占比最高由18.0%提高到23.4%。

2016年12月，为贯彻落实党中央、国务院决策部署，江西省启动《江西省生态文明建设目标评价考核办法（试行）》编制工作，按照江西省委、省政府指示要求，江西省发改委联合省统计局、省环保厅、省委组织部共同研究起草了《江西省生态文明建设目标评价考核办法（试行）》（以下简称《考核办法》），经江西省生态文明建设领导小组会议审议原则通过，修改完善后形成了最终的《考核办法》，并以江西省委办公厅、省政府办公厅名义联合印发。

《考核办法》在参照国家考核办法框架的基础上，结合江西省实际编制，主要包含6个章节、合计20条内容，提出了考核的目的依据、适用范围、考核原则、考核主体、考核内容、考核方式、结果评定、结果运用、纪律监督、办法解释等具体条目，核心内容主要包括几个方面：

一是关于评价考核对象。江西省《考核办法》适用于对江西省11个设区市和100个县（市、区）党委和政府生态文明建设目标的评价考核。生态文明建设目标评价考核实行党政同责，市、县（市、区）党委和政府领导成员生态文明建设一岗双责，按照客观公正、科学规范、突出重点、注重实效、奖惩并举的原则进行。

二是关于评价考核方式和内容。生态文明建设目标评价考核在资源环境生态领域有关专项考核的基础上综合开展，采取评价和考核相结合的方式，

实行年度评价、两年考核。评价重点评估市、县（市、区）上一年度生态文明建设进展总体情况，引导市、县（市、区）落实生态文明建设相关工作，每年开展 1 次；考核主要考查市、县（市、区）生态文明建设重点目标任务完成情况，强化市、县（市、区）党委和政府生态文明建设的主体责任，督促自觉推进生态文明建设，每 2 年开展 1 次。

三是关于年度评价。各设区市的年度评价工作由省统计局、省发改委、省环保厅会同有关部门组织实施。各县（市、区）年度评价工作由各设区市组织实施，经各设区市生态文明建设领导小组同意后将结果上报省统计局、省发改委、省环保厅。年度评价按照江西省绿色发展指标体系实施，主要包含地方资源利用（权数 29.3%）、环境治理（权数 16.5%）、环境质量（权数 19.3%）、生态保护（权数 16.5%）、增长质量（权数 9.2%）、绿色生活（权数 9.2%）、公众满意程度七方面的变化趋势和动态进展，生成绿色发展指数。年度评价应当在每年 8 月底前完成，结果应当向社会公布，并纳入生态文明建设目标考核。

四是关于目标考核。目标考核工作由省发改委、省环保厅、省委组织部牵头，会同省财政厅、省国土资源厅、省水利厅、省农业厅、省统计局、省林业厅、省住建厅等部门组织实施。考核内容主要包括国民经济和社会发展规划纲要中确定的资源环境约束性指标，以及省委、省政府部署的生态文明建设重大目标任务完成情况，突出公众的获得感。目标考核年为 2018 年和 2020 年，考核年的 9 月底前完成对前两年的目标考核。各县（市、区）党委和政府应在考核年开展自查，由各设区市党委和政府汇总本辖区各县（市、区）自查报告，形成本设区市生态文明建设目标任务完成情况自查报告，于当年 6 月底前报送省委、省政府，并抄送考核牵头部门。目标考核按照江西省生态文明建设考核目标体系实施，具体包含：资源利用、生态环境保护、年度评价结果、公众满意度、生态文明制度改革创新情况等内容，生态环境事件为扣分项，美丽中国"江西样板"建设情况为加分项。

五是关于考核结果及运用。考核结果分为优秀、良好、合格、不合格四个等次。年度考核中有考核得分低于 60 分、未完成约束性目标达 3 项及以上以及篡改、伪造或指使篡改、伪造相关统计或监测数据并被查实的三种情形之一的确定为不合格。

考核牵头部门汇总资源环境生态领域有关专项考核实施部门提供的考核实际得分以及有关情况，提出考核结果处理等建议，并结合领导干部自然资源资产离任审计、环境保护督察等结果，形成考核报告，经省委、省政府审定后向社会公布，考核结果作为地方党政领导班子和领导干部综合考核评价、干部奖惩任免的重要依据。对考核等级为优秀、生态文明建设工作成效突出的地方，给予通报表扬；对考核等级为不合格的地方，进行通报批评，并约谈其党政主要负责人，提出限期整改要求；对生态环境损害明显、责任事件多发地方的党政主要负责人和相关负责人（含已经调离、提拔、退休的），按照《党政领导干部生态环境损害责任追究办法（试行）》等规定，进行责任追究。

江西省生态文明办副主任刘兵从四个方面归纳了《考核办法》出台的重大意义。他指出，《考核办法》的颁布，一是有利于完善经济社会发展评价体系。把资源消耗、环境损害、生态效益等指标的情况反映出来，有利于加快构建经济社会发展评价体系，更加全面地衡量发展的质量和效益，特别是发展的绿色化水平。二是有利于引导各级党委和政府形成正确的政绩观，进一步引导和督促各级党委和政府自觉推进生态文明建设，在发展中保护、在保护中发展。三是有利于统筹推进生态文明先行示范区和国家生态文明试验区建设，为生态文明建设提供重要约束和导向，为实现国家生态文明试验区建设的战略目标提供重要制度支撑。四是有利于聚焦气、水、土等人民群众关切的环境问题，切实持续改善生环境质量，增强人民群众的生态获得感，共享生态文明制度改革的成果。

第三节 典型区域绿色发展绩效评价

一、区市生态文明建设年度评价结果公报

根据中共江西省委办公厅、江西省人民政府办公厅印发的《江西省生态文明建设目标评价考核办法（试行）》要求，现将 2016 年各设区市生态文

明建设年度评价结果公布如下（表6-2、表6-3）：

表6-2　　　　　　　　　2016年各设区市生态文明建设年度评价结果排序

地区	绿色发展指数	绿色发展指标体系分项						公众满意程度（%）
		资源利用指数	环境治理指数	环境质量指数	生态保护指数	增长质量指数	绿色生活指数	
上饶	1	2	7	4	3	8	10	5
赣州	2	3	10	7	2	2	11	4
九江	3	1	4	10	5	3	8	3
鹰潭	4	7	2	1	10	7	9	10
景德镇	5	11	11	2	1	6	1	7
萍乡	6	4	3	8	9	10	6	8
新余	7	6	1	11	11	4	2	9
吉安	8	5	8	5	8	5	7	2
南昌	9	10	6	6	7	1	3	11
抚州	10	9	9	3	4	11	4	1
宜春	11	8	5	9	6	9	5	6

注：本表中各设区市按照绿色发展指数值从高到低排序。

附注：

（1）生态文明建设年度评价按照《江西省绿色发展指标体系》实施，绿色发展指数采用综合指数法进行测算。绿色发展指标体系包括资源利用、环境治理、环境质量、生态保护、增长质量、绿色生活、公众满意程度7个方面，共58项评价指标。其中，前6个方面的57项评价指标纳入绿色发展指数的计算；公众满意程度调查结果进行单独评价与分析。

（2）受污染耕地安全利用率和绿色产品市场占有率（高效节能产品市场占有率）等2个指标，2016年暂无数据，为了体现公平性，其权数不变，指标的个体指数值赋为最低值60，参与指数计算。

对有些地区没有的地域性指标，相关指标不参与绿色发展指数计算，其权数分摊至其他指标，体现差异化。

（3）公众满意程度为主观调查指标，通过省统计局组织的抽样调查来反映公众对生态环境的满意程度。调查采取分层多阶段抽样调查方法，通过采用计算机辅助电话调查系统，随机抽取城镇和乡村居民进行电话访问，根据调查结果综合计算11个设区市的公众满意程度。

表6-3　　　　　　　　　2016年各设区市生态文明建设年度评价结果

地区	绿色发展指数	绿色发展指标体系分项						公众满意程度（%）
		资源利用指数	环境治理指数	环境质量指数	生态保护指数	增长质量指数	绿色生活指数	
南昌	79.36	73.43	80.32	87.39	75.24	86.15	80.42	82.62
景德镇	80.52	73.11	75.85	93.85	83.58	77.30	82.40	86.22
萍乡	80.39	82.46	84.83	85.85	72.74	76.21	72.24	85.87
九江	81.09	85.28	82.75	80.63	77.54	81.15	71.95	88.96

续表

地区	绿色发展指数	绿色发展指标体系分项						公众满意程度（％）
		资源利用指数	环境治理指数	环境质量指数	生态保护指数	增长质量指数	绿色生活指数	
新余	80.24	81.69	91.13	77.86	69.24	80.22	80.78	85.18
鹰潭	81.00	78.86	89.37	94.84	70.29	77.18	66.86	82.70
赣州	81.18	83.93	77.00	87.15	81.85	81.91	65.45	88.81
吉安	80.23	82.42	78.41	88.74	74.13	77.77	72.06	89.76
宜春	78.84	77.78	80.50	85.03	76.81	76.33	72.40	86.73
抚州	79.10	76.82	77.75	89.60	78.87	73.24	73.00	89.87
上饶	81.74	83.94	80.24	89.47	81.55	77.03	66.18	88.21

二、上饶市绿色发展绩效评价

近日，江西省统计局、省发改委、省环保厅联合发布了《2016 年设区市生态文明建设年度评价结果》。结果显示，2016 年上饶市绿色发展指数在江西省 11 个设区市中排名第 1 位，公众满意程度排名第 5 位。

为落实党中央、国务院和省委、省政府推进生态文明建设的决策部署要求，省统计局、省发改委、省环保厅对 2016 年设区市生态文明建设情况进行了年度评价。此次年度评价从资源利用、环境治理、治理能力、生态保护、增长质量、绿色生活、公众满意程度 7 个方面进行评估。其中，通过前 6 个方面的 57 项评价指标计算各设区市绿色发展指数，全面客观反映各地绿色发展成果。

《2016 年设区市生态文明建设年度评价结果》显示，上饶市绿色发展指数在 11 个设区市排名第 1 位。从反映绿色发展指数的 6 项分类指数看，其中 3 项分类指标上饶列江西省前列，分别为资源利用指数排名江西省第 2 位、生态保护指数排名江西省第 3 位、环境质量指数排名江西省第 4 位。

近年来，上饶市委、市政府高度重视生态环境保护，扎实抓好生态文明建设各项工作，建立健全生态机制，出台了《上饶市生态文明建设工作要点》《上饶市生态文明制度体系建设工作实施方案》等，系统推进生态文明建设。同时，通过大力发展绿色生态农业、优先发展生态工业、全力发展全域旅游，加快转型升级，实现绿色低碳增长；通过采取对工业园区、农业面源污染治理，大气、水污染防治，城乡垃圾分类处理等措施，着力恢复提升自然生态功能；通过生态扶贫、光伏扶贫、生态共享，始终把生态文明建设作为第一民生工程，推进共建共享。始终坚持以高铁经济试验区、国际医疗旅游先行区、国家中医药健康旅游示范区等重大平台为载体，系统推进全面改革创新，打造生态文明样板，并不断加大环境执法力度，切实推进生态文明建设。

三、景德镇市生态文明建设绩效评价

江西省 2018 年生态文明建设年度评价结果出炉，景德镇仅次于赣州市，名列江西省第二。

景德镇市认真贯彻落实习近平新时代生态文明思想，按照省委、省政府的工作部署与要求，坚持生态优先、绿色发展，紧紧围绕"一个突破"（制度建设取得重要突破）、"两个提升"（生态环境质量提升、绿色发展水平提升）的中心目标，以"双创双修"工作为抓手，做好"治山理水、显山露水"文章，不断改善城乡生态环境，成效显著。

一是修复生态，环境明显改善。景德镇市遵从让 160 余万瓷都父老乡亲"望得见山、看得见水、记得住乡愁"的理念，积极探索科学治理山水的方法和路径，满足"500 米入园、300 米见绿"的需求。已完成 10 个公园和 20 处街头绿地等道路绿化改造提升项目建设。后续还将建设凤凰山公园、马鞍山公园、昌江滨江带公园等项目，增加 6 处城市街头绿地。

二是规划空间，品质显著提升。该市与城市双创"美化、亮化、净化、绿化"工程衔接，提出城市空间"整齐、整洁、整治"工作重点。包括提亮城市重要轴带节点、织补破碎的城市空间、提升重要街道等城市公共界面形象、整治城市慢行共享空间等，取得了明显成效。

三是保卫蓝天，空气全面净化。针对全市大气污染防治工作进行研究，景德镇市对烟花禁放、禁烧、扬尘治理、锅炉淘汰等相关工作提出了具体要求。重点对工业废气、建筑扬尘、机动车尾气等主要领域开展专项整治，并大力推进禁燃禁放工作。全年优良天数比率达 96.4%，同比上升 5 个百分点，列江西省首位；PM2.5 年均浓度为 31 微克每立方米，同比下降 22.5%；PM10 年均浓度为 56 微克每立方米，同比下降 16.4%。环境空气质量率先在江西省达到二级标准，Ⅰ～Ⅲ类水质断面优良率为93.9%。饮用水各断面水质达标率为100%。

四、南昌县区绿色发展指数评价

绿色发展年度评价按照《江西省绿色发展指标体系》实施，绿色发展指数采用综合指数法进行测算。绿色发展指标体系包括资源利用、环境治理、环境质量、生态保护、增长质量、绿色生活、公众满意程度7个方面，共58项评价指标（表6-4）。

表6-4　　　　　2016年南昌县区生态文明建设年度评价结果排序

地区	绿色发展指数	绿色发展指标体系分项						公众满意程度（%）
		资源利用指数	环境治理指数	环境质量指数	生态保护指数	增长质量指数	绿色生活指数	
进贤县	1	1	3	5	9	9	5	3
西湖区	2	5	1	1	6	2	3	8
青山湖区	3	2	7	7	4	7	1	6
南昌区	4	3	4	8	8	3	2	4
东湖区	5	4	9	6	7	1	6	7
湾里区	6	8	5	3	2	6	4	1
青云谱区	7	7	8	2	5	4	8	9
安义区	8	9	2	4	1	8	9	2
新建区	9	6	6	9	3	5	7	5

注：本表中各设区市按照绿色发展指数值从高到低排序。

评价结果显示，绿色发展指标体系中的资源利用、环境治理、环境质量、生态保护、增长质量、绿色生活指数排名第一的县区分别为进贤县、西湖区、西湖区、安义区、东湖区、青山湖区。

公众满意程度为主观调查指标，通过省统计局组织的抽样调查来反映公众对生态环境的满意程度。评价结果显示，公众满意程度排名前三的为湾里区（94.63%）、安义县（89.33%）、进贤县（88.40%）。

第七章　江西省绿色发展对策建议与实施途径

改革开放以来，江西省国民经济与社会发展取得了非凡成就，但与先进省份相比，发展不足仍然是其面临的主要矛盾，不仅经济总量、人均水平有待进一步提高、经济结构还需与时俱进得到优化、竞争实力需进一步力得到提升等问题亟待解决，民生保障、社会治理等与人民群众更高期待还存差距，尤其是代表未来发展方向的绿色发展，制约其发展的深层次矛盾尚未根本解决，绿色发展不平衡、不充分，绿色经济体量不足、结构不优、创新力和竞争力不强等难题亟待突破。国际环境繁杂多变，经济全球化遭遇逆流，世界进入动荡变革期，不稳定性不确定性明显增加，特别是新冠肺炎疫情影响广泛深远；国内新冠肺炎疫情防控压力不减，国内区域之间竞争更趋激烈，对江西省绿色经济和社会发展的影响和冲击不容忽视。但从总体上看，今后一段时期江西省绿色发展将处于大有可为但充满挑战的重要战略机遇期。只要全省领导和群众深刻认识错综复杂的国内外环境给绿色发展带来的新矛盾新挑战，深刻认识绿色发展主要矛盾变化带来的新特征新要求，保持战略定力，抓住机遇，团结协作，发扬克服困难、永不言败的精神积极采取有效对策，一定会在良好的基础上开创出具有江西特色的绿色发展之路。

第一节　绿色发展对策建议

江西省十四个五年规划明确提出，2025 年江西将与全国同步基本实现社会主义新型工业化、信息化、城镇化、农业现代化同时，将江西高标准地建成美丽中国"江西样板"，人与自然和谐共生，生态环境质量保持全国前列等未来五年目标。为实现上述目标江西省必须坚持"绿水青山就是金山银山"发展理念，积极采取绿色发展对策。

一、加强制度创新，完善生态环境监管

坚持源头严防、过程严管、后果严惩，完善绿色生态文明领域统筹协调机制，构建绿色生态文明体系，推动绿色生态文明制度更加成熟更加定型。

（一）健全空间管控制度

强化国土空间规划和用途管控，统筹优化生态、农业、城镇等功能空间布局，划定落实生态保护红线、永久基本农田、城镇开发边界等空间管制控制线，全面实施国土空间监测预警和绩效考核机制。加快自然保护地整合优化和分类管理，积极创建国家公园，构建国家公园为主体的自然保护地体系。严格管控自然保护地范围内非生态活动，推进核心保护区内居民、农田、矿业权有序退出。完善自然 保护地、生态保护红线监管制度，开展生态系统保护成效监测评估。

（二）健全生态环境治理体系

实施以"三线一单"（生态保护红线、环境质量底线、资源利用上线和生态环境准入清单）为核心的生态环境分区管控体系，建立地上地下、陆水统筹的生态环境治理制度。全面实施以排污许可制为核心的固定污染源监管制度。推进流域综合管理，强化"河（湖）长制"。推进生态环境保护综合执法改革，健全生态环境保护督察制度。完善环境资源司法保护机制，健全生态环境公益诉讼制度，严格落实生态环境损害赔偿和责任终身追究制度。建立生态环境突发事件后评估机制和公众健康影响评估制度。在高风险行业推行环境污染责任强制保险。加快完善环保信用评价、环保信息强制性披露等制度，加强企业环境治理责任制度建设。推进生态环境突出问题整改。

（三）全面建立资源高效利用制度

严格实行资源总量管理和全面节约制度，健全自然资源有偿使用制度，完善资源价格形成机制。科学制定用水定额并动态调整，强化高耗水行业用水定额管理，建立水资源刚性约束机制。深入推进农业水价综合改革，配套

建设计量设施，健全农业节水激励机制。加强土地节约集约利用，完善土地复合利用、立体开发支持政策。建立生态修复与开发建设占补平衡机制。健全矿产资源开发生态保护和安全生产制度，提高矿产资源开发综合利用水平。完善能效领跑者制度，落实国家5G、大数据中心等新兴领域能效标准。落实国家资源税措施，推动完善节能环保和资源利用的税收激励政策。

二、强化综合治理，筑牢绿色屏障

坚持节约优先、保护优先、自然恢复为主，突出系统治理、精准治理，推进重要生态系统保护和修复，巩固提升"一江一湖五河三屏"生态安全格局，促进生态系统良性循环和永续利用。

（一）强化生态环境治理保护

坚持精准治污、科学治污、依法治污，深入打好污染防治攻坚战，推动生态环境质量在较高水平上持续改善。着力打好蓝天保卫战，加强PM2.5和臭氧协同控制，推动多污染物协同控制和区域协同治理，全省空气质量总体达到二级标准。着力打好碧水保卫战，开展县级及以上城市集中饮用水水源地达标治理，推动生活污水处理设施覆盖全部建制镇（乡），因地制宜推进农村污水治理，国控断面水质实现"减四保三争二"（减少Ⅳ类水、保持Ⅲ类水、争取Ⅱ类水）。着力打好净土保卫战，开展国土空间全域土地综合整治试点，加强医疗废物和危险废物安全处置，加强塑料污染治理和塑料替代产品推广，持续推进化肥农药减量化，确保土壤环境质量安全稳定。深入实施长江经济带"共抓大保护"攻坚行动，深化"五河两岸一湖一江"全流域治理，推进生态环境污染治理"4+1"（沿江城镇污水垃圾处理、化工污染治理、农业面源污染治理、船舶污染治理以及尾矿库污染治理）工程，强化沿线整治与岸线生态修复，努力构建长江经济带江西绿色生态廊道。加强光、噪音等新污染物治理。构建集污水、垃圾、固废、危废、医废处理处置设施和监测监管能力于一体的环境基础设施体系，推进环境基础设施网络向镇村延伸覆盖。探索建立符合产业发展实际的多层次节能环保装备标准体系，推动标准化生产、规模化应用，降低企业节能环保成本。

（二）积极打造山水林田湖草生命共同体

实施山水林田湖草一体化保护和修复行动，在赣南山地源头区、赣中丘陵区、赣北平原滨湖区等特色生态单元，探索打造不同类型、各具特色的山水林田湖草生命共同体示范区。开展国土绿化行动，全面深化林长制改革，积极推进低产低效林改造、重点防护林工程和重点区域森林"四化"（绿化、美化、彩化、珍贵化）建设，全面加强湿地、草地保护修复，推进水土流失治理和矿山生态修复，提升生态服务功能和生态承载力。实施生物多样性保护重大工程，完善生物多样性保护网络，全面落实长江流域重点水域十年禁渔，严厉打击破坏野生动植物资源行为，加强外来物种管控。推行森林河流湖泊休养生息，健全耕地休耕轮作制度，巩固退耕还林成果，有序开展退圩还湖还湿。在尊重自然 属性前提下，因地制宜开展河道等生态治理与修复。

（三）盯住"双碳"目标，积极应对气候变化

严格落实国家节能减排约束性指标，制定实施全省2030年前碳排放达峰行动计划，鼓励重点领 域、重点城市碳排放尽早达峰。大幅降低能耗强度，有效控制能源消费增量，强化节能法规标准等落 实情况监察。加快产业结构、能源结构调整，深入推进能源、工业、建筑、交通等领域节能低碳转型，推动全省煤炭占能源消费比重持续下降。严格落实能耗总量和强度"双控"制度，严控新上高耗能项目，狠抓重点领域和重点用能单位节能，推进重点用能单位能耗监测管理全覆盖。探索建立温室气体 排放统计核算体系，建立"天地空"一体化生态气象观测体系，提高应对极端天气和气候事件能力。推动甲烷、氢氟碳化物、全氟化碳等温室气体排放持续下降。

三、统筹协调发展，发展绿色经济

统筹经济社会发展和环境保护、生态建设，建立健全绿色低碳循环发展的经济体系，加快推动生态要素向生产要素、生态财富向物质财富转变。

（一）培育壮大绿色产业

实施绿色产业培育工程，大力发展生态循环农业、生态旅游等产业，壮大清洁生产、清洁能源、绿色建筑、基础设施绿色升级等产业，推动节能环

保产业成为江西省新兴支柱产业，创建 3~5 个国家级绿色产业示范基地。加快重点行业、重点领域绿色化改造，支持资源枯竭型城市、老工业基地转型发展。加快发展绿色供应链、节能和环境服务业，推广合同能源管理、合同节水管理、环境污染第三方治理等服务模式。深化绿色金融改革，构建绿色金融服务体系。实施绿色技术创新攻关行动，制定发布省级绿色技术与装备推广目录，健全以市场为导向的绿色技术创新体系和标准化体系，加快突破一批原创性、引领性绿色技术。

（二）加快生态优势转化

开展自然资源调查评价监测和确权登记。健全生态资产与生态产品市场交易机制，推进排污权、用能权、用水权、碳排放权市场化交易，争取建立南方地区生态产品交易中心。积极推进国家生态综合补偿试点，完善市场化、多元化生态补偿机制，加大重点生态功能区、重要水系源头地区、自然保护区转移支付力度，开展跨省和省内跨流域横向生态保护补偿，完善森林和湿地生态效益补偿机制。按照"谁修复、谁受益"原则，鼓励各类社会资本参与生态保护修复，建立生态产品价值实现机制。大力推广"两山银行""湿地银行"等建设。支持抚州开展国家生态产品价值实现机制试点、九江长江经济带绿色发展示范区建设。

四、倡导绿色文明行为，繁荣绿色文化

积极弘扬生态文化，普及生态文明知识，倡导绿色生活方式，全面构建以生态价值观念为准则的生态文化体系。

（一）提高全民绿色生态文明意识

把绿色生态文明建设纳入国民教育体系和党政领导干部培训体系，推进绿色生态文明宣传教育进学校、进家庭、进社区、进工厂、进机关。深度挖掘全省绿色生态文化资源，创建一批绿色生态文明教育基地。组织好世界环境日、世界水日、植树节、湿地日、野生动植物日、爱鸟周、全国节能宣传周等主题宣传活动，办好省绿色生态文明宣传月活动，加大环境公益广告宣传力度，引导公民自觉履行生态环境保护责任。

（二）倡导绿色生活方式

大力倡导简约适度、绿色低碳、文明健康的生活理念和生活方式，形成崇尚绿色生活的社会氛围。普遍推行生活垃圾强制分类，坚决制止餐饮浪费行为，扎实开展限塑行动，引导形成健康生活习惯。广泛开展节约型机关、绿色家庭、绿色学校、绿色社区等绿色创建行动，推广减碳行动激励机制。倡导绿色消费，鼓励绿色出行，优先发展公共交通，加大节能和新能源车辆推广应用力度。加快扩大绿色产品消费，建立统一的绿色产品标准、认证、标识等体系，扩大政府绿色采购规模，完善绿色产品推广机制和消费激励措施。

第二节　绿色发展动力发掘

需要是一切行为产生的源泉，而需要只有转化为动机才能成为推动和维持个体或社会行为的内部动力。绿色需要、绿色劳动和绿色生产方式的变革三者紧密相连，构成绿色发展的内在动力。绿色需要是绿色发展的动力源泉，人类的绿色需要通过绿色劳动得以满足。绿色劳动是绿色发展的动力基础，只有在满足人们绿色需要的绿色劳动中才能实现绿色发展。人类在绿色劳动中推动了生产力的高质量发展，进而引发生产方式的绿色性变革，为绿色发展提供动力指向。

党的十九大报告将绿色生态文明建设提升到前所未有的高度，提出要把我国建成富强民主文明和谐美丽的社会主义现代化强国。明确"美丽"这个目标，体现了对生态的绿色问题重视。

绿色发展需求来自客观主体，其发展动力也依赖于客观主体，从主体构成层次上包括政府、企业和社会民众，江西省基于实际省情，应从生态文明建设、绿色产业发展、绿色生活水平提高等方面挖掘绿色发展主体内在的潜在的动力。

一、挖掘政府对绿色发展的监管、引导和支持力

全面加强党对生态文明建设和生态环境保护的领导，完善生态文明领

域统筹协调机制，构建生态文明体系，推进生态环境治理体系和治理能力现代化。

（一）深化生态环境保护督察

紧扣高质量跨越式发展，紧扣生态环境保护领域突出问题，倒逼产业结构转型升级、能源结构和交通运输结构调整，将应对气候变化、生物多样性保护等重大决策部署贯彻落实情况纳入督察范畴。规范开展省生态环境保护督察，加强与中央生态环境保护督察衔接互补，完善派驻监察体制机制，强化日常监察。组织对省直相关部门开展探讨式督察，对省属国有企业开展探索式督察，拍摄制作全省突出生态环境问题警示片，不断健全中央生态环境保护督察反馈问题、长江经济带生态环境警示片披露问题和省级生态环境保护督察指出问题整改销号工作机制，压实生态环境保护责任。

（二）推进生态环境司法联动

实行生态环境保护综合行政执法机关、公安机关、检察机关、审判机关信息共享、案情通报、案件移送制度。在高级人民法院和具备条件的中级、基层人民法院调整设立专门的环境审判机构，完善全省生态环境资源民事、行政、刑事"二合一""三合一"归口审理模式。推进省内重点流域和重点区域环境资源法庭建设，构建地域管辖和流域（区域）管辖相结合的环境资源审判体系。探索建立"恢复性司法实践 + 社会化综合治理"审判结果执行机制。推动完善生态环境公益诉讼制度，与行政处罚、刑事司法及生态环境损害赔偿等制度进行衔接。

（三）提升生态环境监测监管能力

（1）健全生态环境综合执法体系。深化生态环境保护综合行政执法改革，增强市、县级执法力量，配齐配强执法队伍，强化属地执法，探索推进县级生态环境保护部门"局队站合一"。将生态环境保护综合执法机构列入政府行政执法机构序列，统一保障执法用车和装备。创新执法方式，加强遥感卫星、红外、无人机、无人船等新技术新设备运用。建立健全以污染源自动监控为主的非现场监管执法体系。健全以"双随机、一公开"监管为基本手段、以重点监管为补充、以信用监管为基础的新型执法监督机制。完善生态环境保护分类监管办法，提高执法精准度。进一步规范行政处罚自由裁量权，采取包容审慎监管方式。落实乡镇（街道）生态环境保护职责，完善网格化环境监管体系。

（2）完善生态环境监测体系。统一规划、高质量建成全省生态环境监测网络。优化调整空气、地表水、地下水、土壤、声等环境质量监测站点设置。建设细颗粒物与臭氧协同控制监测网络。建设省域温室气体监测网络。建立健全生态质量监测网络，提升生态遥感监测能力。规范排污单位和开发区污染源自行监测，完善污染源执法监测机制，提升测管融合协同效能，开展排污许可自行监测监督检查。督促重点排污单位安装挥发性有机物、总磷、总氮、重金属等特征污染物在线监控设备。加强全省应急监测装备配置，定期开展应急监测演练，增强实战能力。建立防范和惩治生态环境监测数据弄虚作假的工作机制，强化对生态环境监测机构监管。

（3）建设智慧高效的生态环境信息化体系。全面加强生态环境网络安全及运维体系建设，提高生态环境网络安全及运维能力。通过深化江西省生态环境大数据平台项目成果，推进生态环境大数据资源中心二期建设，设计、改造、升级一批生态环境大数据智能监管应用，提升生态环境科学决策水平。建设生态环境综合管理信息化平台，提高生态环境管理业务协同效率，大幅提升生态环境公共服务能力。进一步完善江西省在线审批监管平台，推广线上线下相融合的生态环境政务服务模式。

（四）发挥市场机制激励引导作用

（1）规范开放环境治理市场。依法平等对待各类市场主体，引导各类资本参与环境治理与服务投资、建设、运行。规范市场秩序，减少恶性竞争，坚决防范恶意低价中标，加快形成公开透明、规范有序的环境治理市场环境。支持环保管家、排污者付费、园区污染防治第三方治理、小城镇环境综合治理托管服务试点、生态环境导向的开发（EOD）模式试点等创新发展。

（2）建立环境权益交易市场。积极推进用能权、排污权、水权有偿使用与交易，完善确权、登记、抵押、流转等配套管理制度。建设排污权交易平台，在重点区域和流域开展排污权交易。推广合同能源管理、合同节水管理等服务模式。推动建立生态产品与环境权益的市场化转换机制。

（3）完善生态环境经济政策。严格执行环境保护税法，推进绿色税收。落实国家污水处理、垃圾处理、危险废物处置收费机制以及差别化电价政策，全面推行城镇非居民用水超定额超计划累进加价制度。大力发展绿色金融，积极参与国家长江经济带绿色发展基金运作，鼓励支持符合条件的企业发行绿色债券，加快建设赣江新区绿色金融改革创新试验区。鼓励在赣企业积极投保环境污染责任保险，在环境高风险领域推行环境污染强制责任保险。加快建立省级土壤污染防治基金。

（五）加大绿色发展支持力度

落实生态环境领域财政事权和支出责任划分要求，增强生态环保基本公共服务保障能力。持续加大财政对生态环境保护的投入力度，统筹生态环境领域各类资金，重点支持绿色产业发展、应对气候变化、生态环境治理、生态保护修复、环境基本公共服务能力提升等方面。加强环保投资项目储备，积极争取国家资金支持。探索建立"政府主导、市场运作、社会参与"的多元化投入机制。拓宽投融资渠道，综合运用土地、规划、金融、价格等政策，引导和鼓励更多社会资本投入生态环保领域。大力发展绿色债券、绿色保险、绿色基金，引导更多绿色金融资源对环境保护重点项目的支持。

（六）强化宣传引导

加大习近平生态文明思想宣传力度。积极开展生态文明建设与生态环境保护规划政策、法规制度、进展成效、实践经验宣传与交流。完善例行新闻发布制度和新闻发言人制度，召开新闻发布会主动发布生态环境保护相关工作进展和成效，并对热点舆情问题进行回应。持续开展江西最美环保人系列活动。加强深度报道和伴随式采访，大力宣传生态环境保护先进典型。把政务新媒体作为突发公共事件信息发布的重要平台，加强与新闻媒体互动，形成线上线下相同步、相协调的工作机制。

二、挖掘企业绿色发展的创新驱动

国内外碳排放监管的趋严，促使企业将绿色发展战略上升到全球化战略的高度上推进。国际上，企业要对践行 ESG（Environmental、Social、Governance，环境、社会和公司治理的缩写）有自己的一套准则和定位，对项目整体投资、资金使用以及资产收购配置建立基本架构，将政府、当地居民、银行、投资布局等维度考虑进来，才能更好地助推"碳中和"目标的实现。

中国版的 ESG，最大的政策背景就是"碳中和"与"共同富裕"。在中国版 ESG 框架下，讲效率＝重业绩，讲公平＝考虑外部性，对环境和社会持续发展更有利的赛道受到政策、技术和资金支持；反之的行业赛道需要为其"外部性"付出代价，发展空间将受到约束。

随着 ESG 在中国的推广和中国政府相应政策和措施的实施，企业必须挖掘绿色技术创新力和绿色治理能力以应对发展环境的变化和约束。

（一）强化企业在绿色发展中的社会责任感

绿色产业是绿色经济发展的支柱，绿色企业是绿色产业的载体，绿色发展意味着产业体系和企业经营要转向资源节约型、环境友好型和要素集约型。具体措施包括，一是严格生态环境外部性管理，将绿色标准评估纳入投资项目规划及项目投融资管理，财税费的征纳，为企业开发与应用绿色技术提供倒逼机制。二是进一步推动"三线一单"的落地应用，"倒逼"企业绿色转型。三是加强对企业环境治理和保护的监管，逼迫企业提升其供应链的管理，使产业上下游合力往节能减排的方向上走。四是严把高耗能高排放项目准入关。坚决遏制高耗能高排放项目盲目发展。加大钢铁、水泥、平板玻璃、煤炭等重点行业落后产能排查力度，重点排查落后产能相关工艺技术装备。严格执行能耗、环保、质量、安全技术等综合标准，依法依规推进钢铁、水泥、平板玻璃、煤炭等行业落后产能淘汰。严格执行钢铁、水泥、平板玻璃等行业产能置换实施办法。"倒逼"企业转向绿色产品项目和产品项目绿色化。

（二）挖掘企业绿色技术创新力

（1）政府与企业携手开展绿色技术创新。绿色技术创新，能够加速生产过程的绿色化、智能化和可再生循环进程，持续引发各类生产组织在发展战略、产品服务、组织制度等方面的绿色转型，进而推动构建绿色、高效、低碳的生产体系。这将转变高投入、高消耗的粗放型发展模式，为实现经济与资源环境相协调的高质量发展注入新动力。

建设生态文明的价值追求要求技术创新与绿色发展实现融合。市场、政府、技术共同构筑起技术创新与绿色发展融合的动力机制。企业是市场和技术结合的最大主体，技术创新与绿色发展的融合主要靠企业与政府携手来完成。一是政府和企业携手研究发展风电制氢、可再生能源电解水制氢，规划建设从氢气制备、储运、加注到氢燃料电池发动机和整车研发、生产、检测的全产业链。围绕大宗金属再生、矿产资源综合利用、再制造等领域，加快核心关键技术研发，实现绿色制造技术群体性突破，培育和支撑一批绿色制造龙头企业。二是完善以企业为中心主体的研发支撑体系，建立企业研发机构，推动高校、研究院所成果向企业转化，向企业开放公共研发中心、工程技术中心，为企业引进研发人才，落实企业研发费扣除免税政策，把创新引领的各项政策转化为企业内在的研发动力，推动江西技术研发上台阶。三是营造引才、惜才、爱才的环境，把人才培养作为绿色新动能培育的关键举措。应以绿色支柱产业和绿色龙头企业为中心，联合各类高校与智库，努力培养具有国际思维和战略视野的决策人才，以及精通高端研发引领发展前沿的技术人才。要整合相关研究和教学力量，开展短期专业技能培训，迅速提高资源评价、装备制造、监测认证、项目管理等领域工程人员的专业水平。在职业学校开设与绿色制造、绿色营销、绿色物流、绿色管理有关的专业，夯实人才基础，为江西绿色发展提供坚实的人力资源保障。

（2）以增强市场竞争力为核心，激发企业绿色技术创新

不断完善环境规制和提高生产体系环保标准，提高对环境要求，激发企业围绕产品生命周期来拓展绿色业务，通过寻求绿色技术创新来获得市场竞争优势。为获得更多的市场机会、扩大市场份额，越来越多的企业会通过增加资本、智力和装备投入，扩展本企业的绿色技术创新链条，在生产方式变革中增加符合生态环保标准的优质产品的供给。与此同时，企业也会更加重视与国际环保先进标准的对接，通过与相关科研单位及企业在关键共性技术、前沿引领技术、现代工程技术等方面的协同创新，来提高自身的产品质量、企业潜在收益和品牌影响力。当市场中大多数企业都在积极寻求资源优化配置、提升绿色全要素生产率时，就意味着企业通过绿色技术创新活动增强了竞争力，并促使本土产业逐渐迈向全球价值链

中高端。

（3）以树立企业社会责任形象为引导，激发绿色技术创新

人与自然的和谐相处，是绿色技术创新的核心价值追求，这将引导生产者重视生态发展规律，摒弃追求短期利润最大化的目标取向，逐步确立起相应的社会生态责任，回应人们追求美好生活的诉求。在创新发展中，企业在改善区域和城市环境质量、保护生物多样性、修复自然生态系统等领域取得突破，在中高端消费、绿色低碳循环共享经济、现代产业链等领域形成新的增长点。这些企业在创造良好经济效应、生态效应的同时，也会为社会创造新的就业机会，进而增强教育文化、科技卫生、社会保障持续发展能力，在生产、生活与生态的互惠互利中谋求效率与公平、活力与秩序的平衡点，激发经济高质量发展的凝聚力。

（三）激发企业绿色发展内生动力

积极构建与绿色发展高质量发展相适应的绿色产业体系和企业绿色化经营机制，激发绿色发展内生动力。具体措施包括，一是通过补贴、税收优惠等政策措施，引导社会资本投资企业绿色发展项目。二是发展多元化、多层次的金融市场，丰富绿色金融产品，着力发展绿色贷款、绿色债券、绿色基金、绿色保险、绿色信托等金融产品，着力提高金融体系对中小企业转型发展的融资支持力度。三是完善绿色金融市场基础设施，加强绿色数据的收集与共享，搭建绿色金融服务平台。四是积极探索和推广资源生态项目外部收益内部化的投融资模式，鼓励各地方探索生态环境导向的开发模式(EOD)等融资方式，增强绿色项目对社会资本的吸引力。五是推动环境权益市场交易，推动建立全国性及区域性的排污权交易市场，建立和完善用能权、水权交易市场，完善碳排放交易体系，拓展碳资产增值及质押融资空间，增强绿色资产价值的可识别性与流动性，助推生态产业化、产业生态化可持续发展。

三、挖掘人民绿色生活的行动力和潜力

积极弘扬生态文化，普及生态文明知识，开展全民绿色行动，倡导简约适度、绿色低碳的生活方式，形成文明健康的生活风尚。

（一）提高生态环保意识

（1）加强生态文明教育。把生态文明教育纳入国民教育体系、职业教育体系和党政领导干部培训体系。将习近平生态文明思想和生态文明建设纳入学校教育教学活动安排，培养青少年生态文明行为习惯。在各级党校、行政学院、干部培训班开设生态文明教育课程。推动各类职业培训学校、职业培训班积极开展生态文明教育。推进环境保护职业教育发展。开展生态环境科普活动，创建一批生态文明教育基地。

（2）繁荣生态文化。加强生态文化基础理论研究。加大生态文明宣传产品的制作和传播力度，结合地域特色和民族文化打造生态文化品牌。鼓励文化艺术界人士积极参与生态文化建设，加大对生态文明建设题材文学创作、影视创作、词曲创作等的支持力度。开发体现生态文明建设的网络文学、动漫、有声读物、游戏、广播电视节目、短视频等。利用世界环境日、世界水日、植树节、湿地日、野生动植物日、爱鸟周、全国节能宣传周等，广泛开展宣传和文化活动。

（二）践行简约适度绿色低碳生活

（1）开展绿色生活创建活动。广泛开展节约型机关、绿色家庭、绿色学校、绿色社区、绿色出行、绿色商场、绿色建筑等创建行动，推广减碳行动激励机制，推行《公民生态环境行为规范（试行）》。力争绿色生活创建行动取得显著成效。

（2）倡导绿色生活方式。倡导绿色消费，积极践行"光盘行动"，坚决革除滥食野生动物等陋习，扎实开展限塑行动。鼓励饭店、景区等推出绿色旅游、绿色消费措施。在机关、学校、商场、医院、酒店等场所全面推广使用节能、节水、环保、再生等绿色产品。加大对生活垃圾分类意义的宣传，普及生活垃圾分类知识。鼓励绿色出行，加强城市绿色公共交通建设，完善城市公共交通服务体系。推进绿色生活设施建设。实施噪声污染防治行动计划。强化声环境功能区管理，营造宁静和谐的生活环境。

（三）推进生态环保全民行动

发挥政府机关作用。党政机关要厉行勤俭节约、反对铺张浪费。强化能耗、水耗等目标管理，健全节约能源资源管理制度。县（市、区）以上党政机关要率先创建节约型机关。推行绿色办公，加大绿色采购力度。

（1）落实企业生态环境责任。加强企业环境治理责任制度建设，推动企业从源头防治污染，依法依规淘汰落后生产工艺技术，积极践行绿色生产方式，减少污染物排放，履行污染治理主体责任。落实生产者责任延伸制度。排污企业依法依规向社会公开相关环境信息。鼓励企业设立企业开放日、环境教育体验场所、环保课堂等多种方式向公众开放，组织开展生态文明公益活动。

（2）充分发挥各类社会主体作用。工会、共青团、妇联等群团组织应积极动员广大职工、青年、妇女参与生态环境保护。加大对环保社会组织的引导、支持和培育力度。推动环保社会组织提供环保公益性服务更加规范化、制度化、法制化、科学化，提升社会组织参与现代环境治理的能力和水平。充分发挥行业协会和商会的桥梁纽带作用，强化行业自律和诚信建设。广泛发展生态环保志愿服务项目和志愿者队伍。引导具备资格的环保组织依法开展生态环境公益诉讼等活动。鼓励基层群众性自治组织将生态环境保护纳入村规民约、居民公约等规章制度。

（3）强化公众监督与参与。推进环境政务新媒体矩阵建设，加大信息公开力度。推进环保设施和城市污水垃圾处理设施向社会开放。完善生态环境公众监督和举报反馈机制，畅通环保监督渠道。实施生态环境违法举报奖励，激发公众参与环保热情。加强生态环境舆论监督，鼓励新闻媒体对各类破坏环境问题、突发环境事件、环境违法行为进行曝光和跟踪。健全环境决策公众参与机制，保障公众的知情权、监督权、参与权。

第三节　绿色发展实施途径

在创新成为第一动力，协调成为内生特点，绿色成为普遍形态，开放成为必由之路，共享成为根本目的的大背景下，要努力实现绿色发展的协调效应，江西省必须立足省情，围绕实现高质量发展，促进区域协调发展，落实创新驱动发展战略，助推长江生态环境系统性保护修复，协同推动经济发展和环境保护，加强污染防治和生态建设，特别是建成小康社会、"美丽江西"

硬任务和"双碳"目标要求来探索绿色发展路径。

一、坚持绿色发展理念

重引导、强宣传，努力形成"四位一体"绿色发展的共识共为。理念是行动先导，认识和理念决定了其行动和方向。借助广播、电视、报纸、互联网等媒体多渠道、多方式地构建以图像、文字、动漫和生态文化专题宣传相结合的宣传模式，将尊重自然、顺应自然、保护自然的生态文明理念，进行全方位地持久化和系列化的宣传和实践，将生态文明理念和建设美丽江西深入人心。将绿色生态文化与赣鄱文化融为一体，挖掘、保护、传承具有时代特征和江西特色的绿色生态思想和文化，强化绿色生态资源与传统文化资源的兼收并蓄和合理开发利用，增强全民绿色生态意识和理念，引导民众做绿色生态文化的传承者、弘扬者和践行者，形成人人崇尚参与的发展绿色生态文明的新潮流。同时，要重视将理念转化为行动，将生态文明建设行动分解落实到政府、社区、企业和普通百姓大众的具体实践当中，构建绿色政府、绿色社区、绿色企业和绿色公民"四位一体"的、全民参与的绿色发展社会行动体系。实现全民参与的绿色发展的关键途径，是要依靠绿色生态人才的培养和绿色生态技术的攻关创新、绿色产业的融合发展以及灵活有效的绿色发展机制和体制，建立生态经济激励机制，引导社会成员树立起绿色生产生活理念。

二、坚持走体制机制改革之路

持续深化生态环境管理体制改革，统筹推动省以下生态环境机构监测监察垂直管理制度改革、综合执法改革、事业单位改革全面落地见效。全面推进生态环境监测监察执法机构能力标准化建设。开展"全省生态文明建设先进集体和先进个人"评选表彰活动，推荐省政府及时奖励对象，健全完善正向激励、容错纠错、尽职免责机制。加强人才队伍建设，多途径引进各类急需人才。继续强化业务培训、比赛竞赛、挂职锻炼，着力提升基层生态环境队伍素质能力。注重在深入打好污染防治攻坚战中培养锻炼干部、在急难险重任务中历练考验干部、在工作实践的先锋模范中甄别遴选干部，加快打造生态环境保护铁军。深入推进全省生态环境系统全面从严治党工作，压实"两个责任"，深化运用监督执纪"四种形态"，建立完善政治巡察机制，维护风清气正的政治生态。

三、坚持走绿色科技创新之路

科技是第一生产力，江西实施绿色崛起战略和大力推进绿色发展所需的绿色科技创新，是实现绿色发展的必由之路。推动江西绿色发展，迫切需要科技创新，突破资源环境瓶颈制约。针对依然存在绿色研发投入不足、核心技术缺乏、拳头产品市场份额不大、产业层次较低等问题，多数产品处于产业链低端。江西应聚焦关键领域，强化创新引领，以提升企业技术创新能力为重点，以重大项目、平台载体、人才团队建设为支撑，通过科技创新"强引擎"，探索融合发展"新路径"，具体来说，面对江西省绿色科技落后的现状，应该坚持鼓励和引导绿色科技的创新以及绿色科技的引进、消化吸收再创新，提高绿色科技成果产业化率，促进绿色科技在经济社会各个领域的广泛应用。这就要求：

（一）加强政府指导，大力推进绿色科技创新

依托江西实施的《国家技术标准创新基地（江西绿色生态）2018 年行动计划》，坚定贯彻绿色科技创新和标准化指导规划，出台更加细致的绿色科技创新指导性文件，合理指导绿色科技创新在工业、农业和服务业领域的应用和发展。

（二）拓宽渠道，多种方式加强绿色科技的引进

首先，要加大招商引资的力度，借鉴国外先进绿色科技。对于绿色、节能、环保的高新技术企业和产业要大力引进，同时控制污染企业的进入。要立足现状，加大研发的投入和力度，坚持"引进来""走出去"，消化吸收再升级，创造自主创新的绿色制造技术和装备。其次，加强绿色领域的国际科学技术交流。合理利用好国家绿色经济领域的国际学术平台，如博鳌论坛、夏季达沃斯论坛等高端国际交流平台，搭建江西绿色发展的国际学术交流平台，加快江西绿色科技的引进来和走出去的步伐，提高绿色经济协调发展的质量。最后，政府为绿色科技的专业人才提供更多的出国深造机会，并且提供大力资助。要选拔一批绿色科技研究的精英人才，以政府重点资助的形式培养其在国外学习生态领域的绿色科技和先进管理方法，使之有望成为将来绿色领域的技术骨干，为江西省绿色发展和培养更多更高的绿色科技人才夯实基础。

（三）促进绿色技术创新变成现实生产力

绿色技术创新是区域绿色发展的核心驱动力，是绿色产业和产业绿色化发展水平的决定因素。绿色技术创新不仅可以产生新的绿色产品，形成新的绿色产业，而且可以对非绿色产品和产业进行改造和升级，产业结构绿色转型，促进区域走上绿色经济发展之路，不断提升绿色生产力水平。

（1）推动绿色环保战略新兴产业的崛起。扩大战略性新兴产业投资，推动战略性新兴产业融合化、集群化、生态化发展，加快新能源、新材料绿色环保等产业的崛起。推进第五代移动通信（5G）、物联网、云计算、大数据、区块链、人工智能等新一代信息技术与绿色环保产业的深度融合创新，不断探索"互联网＋"创新绿色产业模式。鼓励通过合作、兼并、重组等方式做大做强环保产业，培育一批专业化骨干企业，扶持一批专特优精中小企业，推动环境治理向"市场化、专业化、产业化"发展。充分发挥华赣环境集团等生态环保领域投资运营平台作用，推动绿色节能环保产业成为全省新兴支柱产业。发挥省环保产业协会作用，助力推动全省绿色环保产业高质量发展。

（2）推进重点行业绿色化改造。在电力、钢铁、建材等重点行业实施减污降碳行动。推进有色行业发挥资源优势，延伸拓展产业链条，提升精深加工水平，打造全国有色金属产业重要基地。石化行业推进石油化工等重点领域链式发展、精深发展，加大现有化工园区整治力度和产业集群整治。钢铁行业以结构调整、集群集约、绿色转型为重点，支持和推进企业兼并重组，推进废钢铁利用产业一体化，提升技术工艺和节能环保水平。建材行业大力发展非金属矿物及制品、新型绿色建材等新兴成长产业，推进企业联合重组，培育发展一批龙头企业和产业基地。提升有色、化工、陶瓷、印染、农副食品加工等行业集聚水平。

四、坚持走江西特色之路

绿色生态是江西的最大财富、最大优势、最大品牌。通过挖潜力、创品牌，进一步打造"江西样板"典型模式。

（1）江西应充分凸显绿色——这一生态文明的原色和主色，构建"一湖五河三屏"为主体的生态安全格局。

（2）构建完善的生态文明体系，立足江西生态资源实际和优势，抓住关键环节，着力在生态文明建设模式上开展先行先试的探索和在生态文明制度创新等方面下功夫，努力形成一批生态化、制度化的生态科技成果。

（3）分类分区挖掘区域生态资源优势，优化生态产业结构，打造区域生态产业品牌。各生态区要依托自身的政策、区位、生态和文化优势，大力推进建设发展绿色工程。其主要途径有发展绿色生态农业、改造提升传统产业、大力发展绿色生态制造业和推进生态旅游。

（4）创新多样的生态文明建设主体，总结典型经验和模式，打造可复制的江西生态文明建设"江西样板"。挖掘山水、草原、森林、农田（梯田）、村落等生态文明，建设生态保护区、森林公园、地质公园、生态文化教育基地和生态文明新村，发挥生态文明示范县的先导和示范作用，总结先进典型模式，打造江西生态文明建设样板。

五、坚持走区域协同发展之路

通过补短板、缩差距，促进江西区域绿色协同发展。在绿色发展中，江西各区域的经济发展水平、速度和质量有所不同，其生态资源、区位和文化资源也有所差异。如何在江西省绿色发展的各要素中弥补绿色发展环境和绿色发展文化的"短板"，是推进江西省绿色协同发展的关键。

（1）推进重点生态环境工程建设，要按照人与自然和谐相处要求，在江西各区域产业布局、新型城镇化、重大项目建设中都应充分考虑其生态环境的承载力，将绿色发展理念和要求融入经济社会发展的全领域、全过程及产业发展的全生命周期。

（2）在绿色空间、绿色经济、绿色环境、绿色生活、绿色文化、绿色